今日から
モノ知り
シリーズ

トコトンやさしい

アルゴリズムの本

坂巻 佳壽美

コンピュータなどの処理手順を示すアルゴリズム。義務教育への導入で話題のプログラミングの基礎になる知識で、計算方法そのものを表す言葉でもあります。本書を読めば、アルゴリズムの考え方やしくみが、楽しく読んでいるうちに自然に身につきます。

B&Tブックス
日刊工業新聞社

はじめに

私の〝アルゴリズム生活〟

私は、これまでコンピュータと40年間付き合ってきました。そのせいか、性格や物事のやり方が、コンピュータに似てきてしまったように思われます。コンピュータは、常に効率よく演算し、できるだけ早く処理することを考えて（実際には人間が考えたプログラムに従って）、それを実行しています。私も、何かをする前には、やり方を考えてから行動します。

ある日、朝目が覚めたとき、まず始めに着替えをしようか？　それとも顔を洗おうか？　トイレに行こうか？　と悩みました。そして、今日は出かける予定なのでスーツを着る日だと気がつき、まず顔を洗うことにしました。なぜなら、水はねでスーツを汚さないようにと考えたからです。ところが、私には、水に触るとオシッコがしたくなるという変な癖があるので、結局は、①トイレ、②洗顔、③着替え、の順に行動することに決めました。

またある日は、スーパーへ買い物に行くことになり、どうせ車で行くのなら、畑（市から市民農園を借りているので）に寄って、野菜の収穫をしてこようと考えました。そして、収穫した一部を、孫の家に届けようとも思いました。さてこの場合には、どの順に行動すればよいのでしょうか？　畑で作業すると土で汚れます。汚れた格好でスーパーへ行きたくありません。それに、孫にお菓子も届けたいので、まずはスーパーへ、次に畑へ、そして最後に孫の家へ、という順に決めました。

ところが、畑に行ったところで、たまたま隣の畑で作業していた知人と、野菜作りの話題で盛り上がり、そのまま帰宅してしまいました。孫の家へ行くのを忘れてしまったのです。これは、私が人間だからこそ起こしてしまった間違いです。コンピュータだったら、絶対にこんな間違いはしません。

このように、何をするにしても、いろいろな方法を考えることは大切です。このとき考えた〝いろいろな方法〟こそが〝アルゴリズム〟なのです。しかし、行動を開始する度に、いちいち「効率の良い方法はどっちだ？」などと考え込んでいたら、かえって効率が落ちるばかりか、煩わしくて頭が変になってしまいかねません。

私は行動する前に、常にいろいろなアルゴリズムを考えますが、無意識の内にも、ちゃんと目的に合ったメリットの出せるアルゴリズムを選択できて、きちんとした行動のできる理想の人材を目指して、日々の生活を送ってきました。これこそが、私にとっては永年の〝アルゴリズム生活〟だったというわけです。

本書では、身の回りに溢れているアルゴリズムを紹介し、アルゴリズムはコンピュータプログラム専用というものではなく、普段の生活の中でも大いに役立つものであることを知っていただき、十分に活用してもらいたいという思いで執筆しました。

特に、2020年から〝プログラミング〟が義務教育の科目として取り入れられることが決まり、子供たちがアルゴリズムを学ぶ際の一助となることを意識した内容にしました。また、プログラマを目指す学生の参考書としてや、新人エンジニアの研修テキストなどにも対応させたつもりです。専門書を読み始める前に、一読いただけると幸いです。

なお、本書の出版は、小生が地元の小学校のプログラミング支援を行った際に作成したパワーポイントがきっかけとなり、日刊工業新聞社の鈴木徹部長のご指導により実現いたしました。ここに改めて感謝する次第です。

著者しるす

トコトンやさしい

アルゴリズムの本

目次

目次 CONTENTS

第1章 こんな〝やり方〟もアルゴリズム

第2章 学校で習った〝解き方〟もアルゴリズム

第3章 〝速算術〟というアルゴリズム

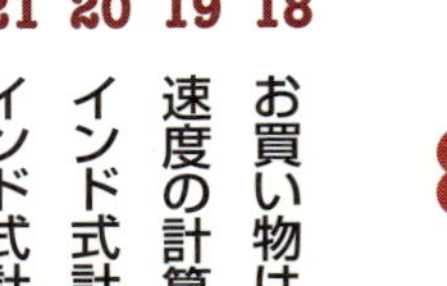

第4章 そろそろアルゴリズムについて

第5章 アルゴリズムの見える化

第6章 事務計算のアルゴリズムを考える

第7章 技術計算のアルゴリズムを考える

第8章 アルゴリズムをscratchで試そう

第1章

こんな“やり方”もアルゴリズム

1 なぜ、今、アルゴリズムが求められるのか？

良いアルゴリズム

アルゴリズムなどというものは、コンピュータプログラムを作る人達が必要とするもので、一般の私達には関係ない！　などと思っていませんか？　違うんですよ。アルゴリズムとは論理的に物事をとらえるということなので、誰にでも有用なものなのです。

また、アルゴリズムなんて全く縁がない！　などと思っていませんか？　違うんです。ふだんの生活の中にもたくさん溢れていますし、小学生でさえアルゴリズムを利用したり学んだりしているのです。その際に、アルゴリズムとは言わないで、他の言い方が用いられているために、気がついていないだけなのです。例えば、アルゴリズムは、やり方、考え方、算法、手続、手法、技法、計算方法、計算の仕方、演算手順、解法…などと言われたりします。

結論を先に言ってしまうと、アルゴリズムとは『時間の経過に従って、論理的に、漏れなく、正確に、細かく示した処理手順』と言えるでしょう。

今後は、ますます自動化が進んだり、身近にロボットが存在したりと、何かとコンピュータ化された機器に取り囲まれた環境下での生活になりそうです。その際には、それらの機器への指示を正確に行わないと、期待する豊かな生活を享受することができない可能性があります。人工知能が進化するとはいえ、コンピュータは指示された通りにしか働いてくれません。良い指示を行ってこそ、良い結果が期待できるのです。その時の良い指示とは、良いアルゴリズムで構成されているということです。

人間同士のコミュニケーションにおいても、良いアルゴリズムで行えば、正しく情報が伝わり、失敗やトラブルが減少することでしょう。また、ビジネスにおいても、会議の進め方や部下への指示、企画書の提案、出張報告書の書き方などに、大いに役に立つこと請け合いです。常にアルゴリズムを意識することによって、健全で楽しい社会生活が送れるというわけです。

要点BOX

- アルゴリズムとは「時間の経過に従って、論理的に、漏れなく、正確に、細かく示した処理手順」
- 良い指示を行ってこそ、良い結果が期待できる

アルゴリズムとは

アルゴリズムは、コンピュータ・プログラマーだけが
必要とする専門的なものではない
みんながもっと意識して活用すべきものである

アルゴリズムとは

「時間の経過に従って、論理的に、漏れなく、
正確に、細かく示した処理手順」

アルゴリズムは正確な指示を行わないと期待する動作が得られない

2 〝123456789〟を9回足すと？

面白くて使える〝やり方〟

これは、そろばんを習い始めたころに教えてもらった指使いの練習の〝やり方〟です。

私が中学生のころには、「商業」という科目があって、そろばんの使い方の授業がありました。今日の時代になっては、そろばんを使っている人は、珍しいでしょう。ですから、電卓でやってみても結構です。電卓の場合でも、早打ち練習の〝やり方〟として、よいかもしれません。

9ケタ×9回＝81回も間違いなくキーをたたいて、9回の足し算をすると、ちょっと面白い結果になるのです。といっても、当然の計算結果なのですが、1111111101となります。このちょっとユニークな数字の並びを見たいために、必死になって何回もそろばんを練習したことを思い出します。

ぜひ、電卓でやってみてください。その時、123456789×9とやったら、面白くもなんともありません。9回も苦労してキーをたたいて、期待した結果が得られたときにこそ、〝小さな感動〟を覚えることでしょう！お試しください。

もう一つ、そろばんの練習では、「1から10までを加算すると55になる」というのも、よくやりました。この場合の感動は、それほどではありませんが、間違いなくそろばんの珠を動かして、55という結果（5珠だけが2つ下がる）が得られたときには、嬉しくなってニヤッとしたものです。

これは、等差数列の和を求める例題として、多く登場します。等差数列とは、その直前の数との差が一定という数の並びのことです。つまり、この場合の差は1です。

したがって、初項：1、末項：10、項数：10の等差数列の和は（初項＋末項）×項数／2という公式から、

（1＋10）×10／2＝55　と求まります。

これも、電卓の早打ちの練習用に使えそうですね。

要点BOX

- ●等差数列の和を求める例題を実際にやってみる
- ●電卓の早打ちの練習用にも使える“やり方”

“123456789”を9回足すと?

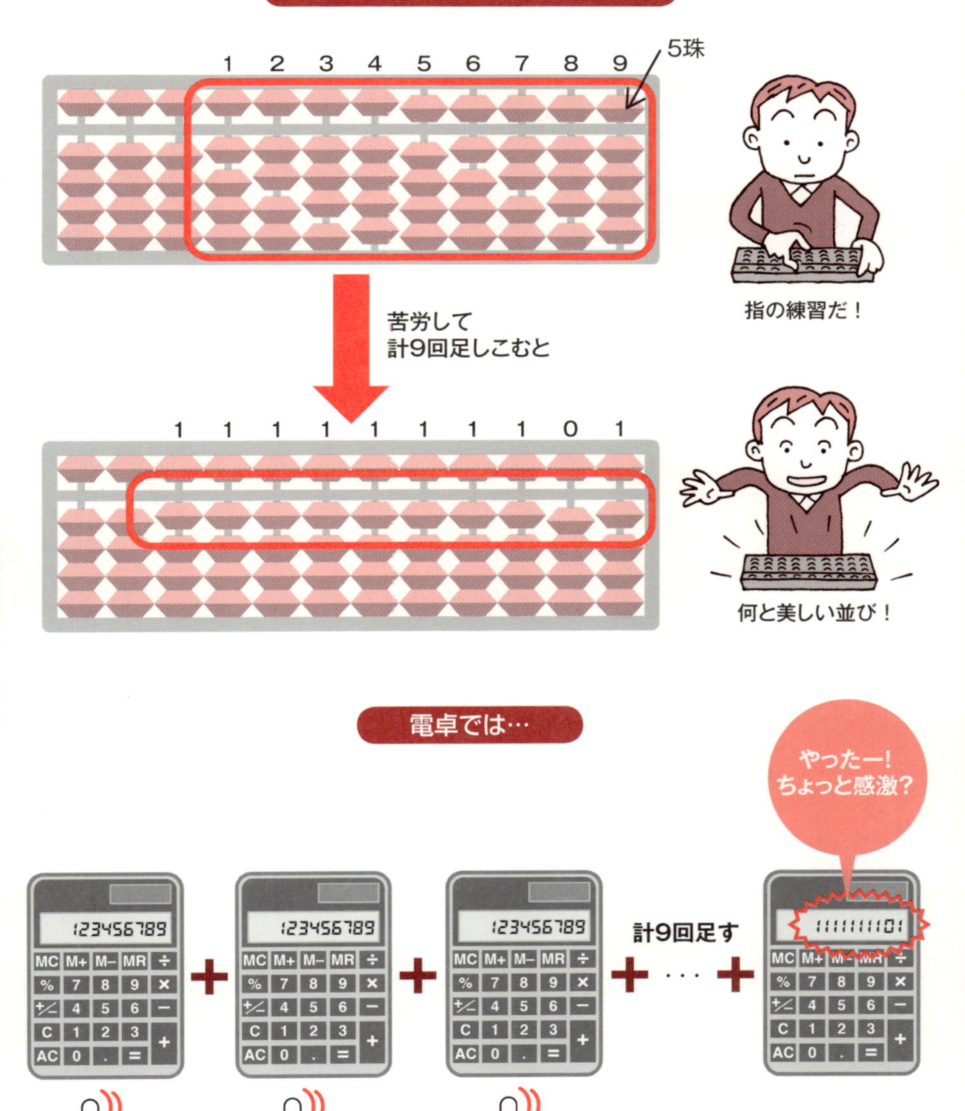

123456789 × 9 = とやっては、感激はない!

3 迷路から必ず脱出できる方法

今度は、面白いというより、力任せに問題を解決するという、強引な〝やり方〟です。

迷路は、低学年に人気のゲームです。一方で、相当に複雑な大人用のものまであって、ネットや百均などで人気になっています。

パッと見て、ササッと脱出経路を探し出せたら、かっこいいですよね！　でも、多くの場合は、何度もトライして、やっと脱出します。その場合には、努力したなりの達成感や喜びを味わうことができて満足でしょう。しかし、時には、どうやっても脱出できなくて、いらいらしたり落ち込んだりしたことはありませんか？

ここで紹介している〝やり方〟は、誰でも必ず脱出できるという〝やり方〟です。その代わり、時間がかかったり面白さに欠けたりして、格好良さは期待できません。

ひまわりやコスモスなどの花で作られた大規模な迷路がテレビなどで紹介されますが、このようなところへ行って、どうしても出られなくなってしまった時など、この〝やり方〟を知っていると、泣かなくて済みます。カップルで挑戦した時に「俺について来い！」と難局を乗り切れば、株が上がること間違いなしです。

では、どうやるのか？　とても簡単です。まず、入口を入る時に、右か左かを決め、あとは決めた側の壁に沿って、ひたすら進めばよいのです。馬鹿馬鹿しい部分もありますが、それは我慢してください。

時間に余裕があったり、こういうことにひらめきの才能があったりする場合には、それにしたがって行動するのもよいでしょう。そして、いざ困ったら、その場でこの〝やり方〟を思い出して、脱出してみてください。多少、後戻りしたりするかもしれませんが、必ず脱出できます。デパートなどで出口がわからなくなった場合にも有効です。証明はしませんが（私にはできませんが）、いつかはきっと出られます。

要点BOX

- ●誰でも必ず迷路から脱出できる“やり方”
- ●力任せに問題を解決するという強引な“やり方”

迷路から必ず脱出できるやり方

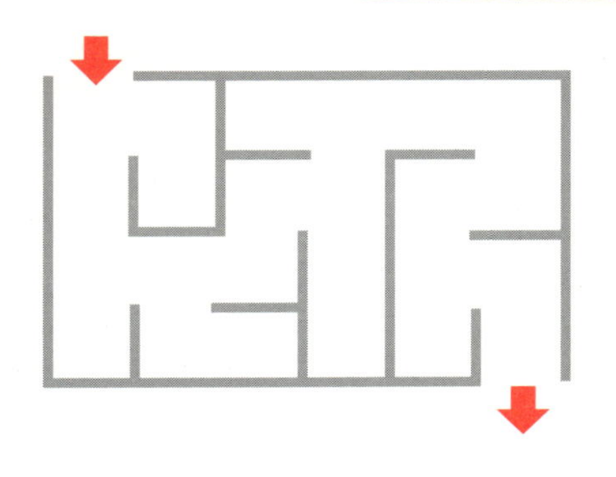

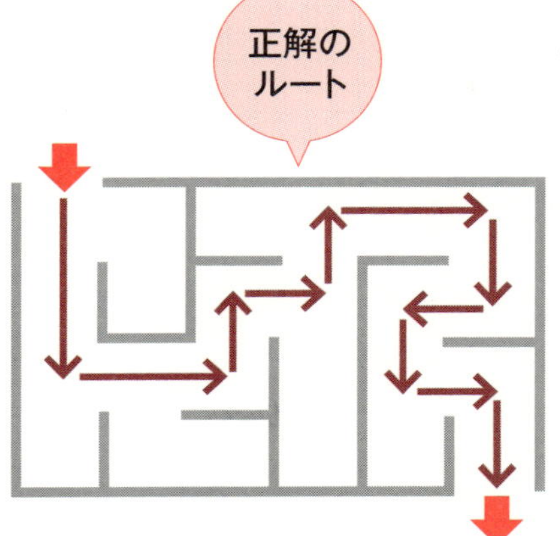

①右側の壁に沿って進む！

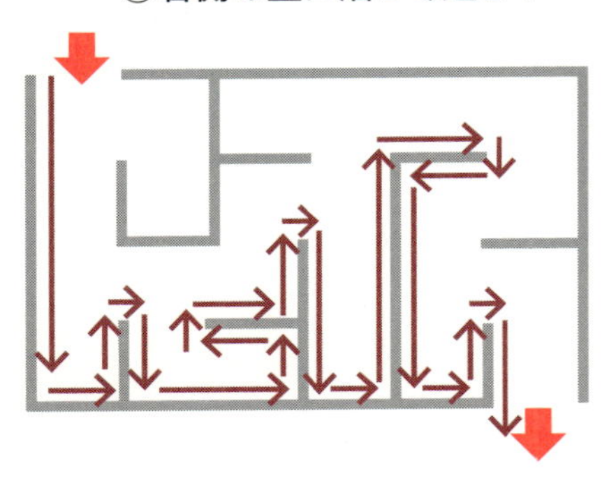

②左側の壁に沿って進む！

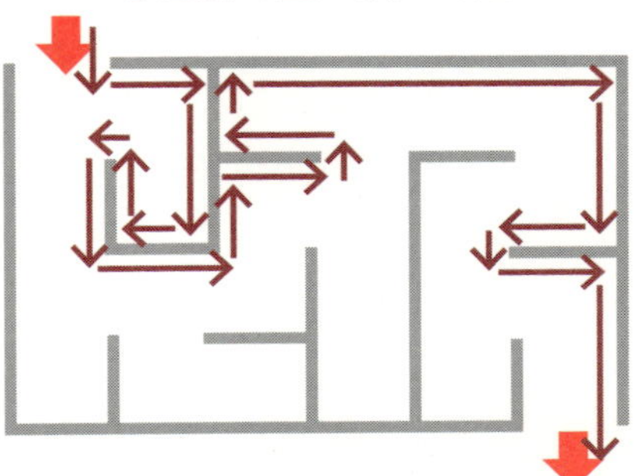

どちらでも、必ず出られます！

4 誕生日当てマジック

怪しくて楽しい〝やり方〟

これは、かなり昔に、誰かから教えてもらったか、本(ナポレオンズ「ナポレオンズの不思議術」東京堂出版)を読んで知ったのか、明確には覚えていませんが、面白いので紹介します。誕生日を当てるというか、聞き出してしまうという〝やり方〟です。

相手に電卓を渡し、図にあるような指示に従って電卓を操作してもらいます。そして、出た結果を教えてもらい(電卓ごと渡してもらうとさらに良い)、25を引くと、なんと誕生日が月日の順に並んで表示されるというものです。というか、表示されるように、誘導したのですから、そうなって当然なんですけど…。

では、証明(種明かし)を図示します。これは、あくまでもマジックなので、種や仕掛けがあります。ただそれが、わかりにくくなっているだけなのです。

ここで、4と25を掛けて100になるというところがミソなのです。これによって、月数を100倍して、表示する位置を百の位へと二桁移動させているのです。9の数値には特に意味はなく、桁上げされた月の数が電卓の表示上、わかりにくくするための工夫です。また、日を足したときに、電卓の表示に日の数値がそのまま表示されないようにするためにも役立っています。そのため、実は9以外のどんな数値でもよいのです。ただ、求める結果を得るためには、その数に25を掛けた数字を引き去れば、日の数が明らかになり、求める誕生日を表すことができるのです。

たとえば、9を5に代えた場合には、5×25＝125を引けばよいのです。9をいろいろな数値に代えて、試してみてください。

このように、もっともらしい計算をさせているというところが、実は怪しい〝やり方〟なのです。

そもそもこの場合はマジックなので、種も仕掛けもあって、さらに怪しくてもよいのです。楽しければ…。

要点BOX

- ●数字を使ったマジックも“やり方”の一つ
- ●種も仕掛けもある、怪しくて楽しい“やり方”

誕生日当てマジック

電卓には誕生日とは関係ない数字が
でも、謎の数“225”を引くと
なんと誕生日の数字が、月日と並んで示されるのです

種明かし

生まれた月をa、日をbとすると、
電卓での操作は以下のような式で表されます

$(a\times4+9)\times25+b$
$=a\times4\times25+9\times25+b$
$=100a+225+b$（電卓に表示される数値）

得られた結果から225を引けば、

$=100a+b$

となり月日の順に並んだ数字となることがわかります

試し

たとえば、誕生日が10月29日だとしたら

$(10\times4+9)\times25+29$
$=1254$　←電卓の表示
$1254-225$　←マジックナンバーを引くと
$=1029$　←なんと、誕生日が……

5 よく使うものを選び出すやり方

自己組織化探索

下駄箱に入りきらないほどたくさんの靴を持っていて、少し整理したいと思ったことはありませんか？　バッグや服がクローゼットに入りきらないほどたくさんあってとか、本がたくさんあって本棚がいっぱい…なんて悩みはありませんか？

そんなとき、よく使うものだけを、いくつかに絞り込む良い〝やり方〟を紹介しましょう。

最初に、最終的に絞り込んだものを並べておく（しまっておく）場所とスペースを決めます。そして、そのスペースに並べきれなかったものは、あまり使わなかったものとして、物置に仕舞い込むか処分することにしましょう。では、始めます。

やり方は、簡単です。使い終わった靴は、並べる場所の一番手前に仕舞うということだけです。次に、別の靴を使ったとしたら、それを並べる場所の一番手前にしまいます。この仕舞い方を繰り返すと、よく使うものは、常に並べる場所の中にあって、あまり使わないものは、並べる場所から押し出されてこぼれ、物置行きとなることでしょう。

では、靴の例で具体的に説明しましょう。並べる場所として4足分の靴箱を用意し、使ったものを手前にしまうことにします。図では、お気に入りの靴から始めました。翌日、天気が良いので山登りでも…と、たまにしか履かない登山靴。数日後には、登山靴が追いやられて、その翌日には靴箱からこぼれ落ちて、物置へ行くことになりました。

どうですか？　簡単でしょう！　いつまでやっても、並べる場所にあるものが入れ替わり続けるような場合には、好みが固まっていないことになります。

実は、この〝やり方〟には「自己組織化探索」という立派な名前がついているんです。ワープロの「かな／漢字変換」の学習機能（使い続けると希望する変換候補が早く出てくる）などに用いられています。

●よく使うものだけを絞り込む“やり方”
●「かな／漢字変換」の学習機能でも使われている「自己組織化探索」

よく使うものを選び出すやり方

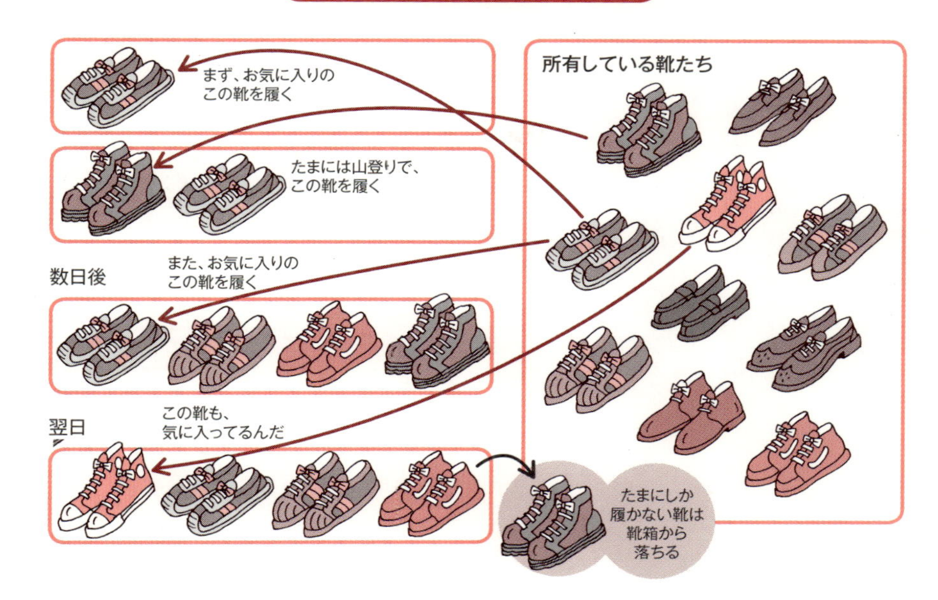

「自己組織化探索」を用いた「かな／漢字変換」

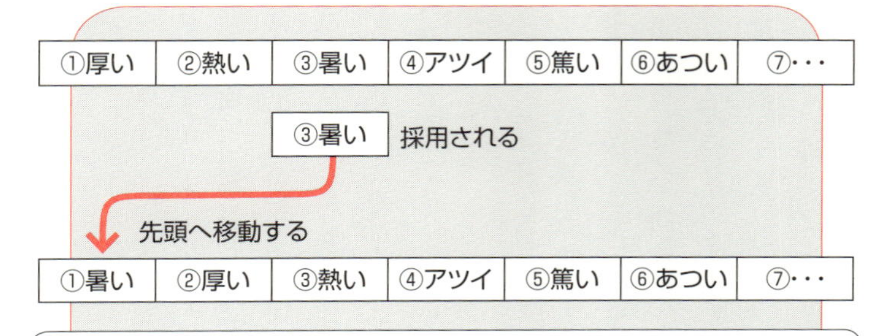

かな／漢字変換で、「あつい」を変換し、
「③暑い」が選択されると
「暑い」が変換候補並びの先頭へ移動し、
次回「あつい」を変換するとき、
最初に「暑い」が出てくるようになる。

**これが「自己組織化探索」というアルゴリズムで、
同じ値を何度も変換する場合に高速化されることになる。**

6 水道配管の水抜きのやり方

寒い地方では、冬季に水道の配管の水が凍ってしまうと、配管が破裂する事故が発生してしまいます。そのため、水道管には保温材を巻きつけたり、専用のヒータを設置したりするのが常識となっています。

長期不在にする時や、急な寒気に安全を期すためには、ちょっと面倒ですが、配管内の水を抜いてしまえば完璧です。

排水用配管には、1つだけのバルブ操作で行うものと、2つのバルブを操作して行うものとがあります。この配管の水を抜くやり方には、ちょっとしたコツが必要です。このコツこそが、アルゴリズムなのです。

一例を示すと、こんなやり方でしょうか?

①すべての水道の蛇口を回して水を出す
②通水バルブを閉める(水道の供給を止める)
③排水バルブを開けて配管内の水を排水する
（水の排水される音が聞こえる)
④個々の蛇口の水抜き栓を回して、水が残っていないかを確認する
⑤特に、混合水栓は、温水側と冷水側にレバーを切り替えながら水を完全に出し切る
⑥水抜きのできないところ(洗面台のS字トラップなど)や必要に応じて(水洗トイレの便器内など)不凍液を流し込む

このやり方を間違えると、配管内の水を完全に抜くことができず、凍結事故が発生します。普段からやりなれている場合には何てことありませんが、寒冷地に移住して間もない時や、別荘などをレンタルした場合などには、やり方通りにできていたとしても、何となく不安で寝不足になったりします。

またアルゴリズムを必要としない方法としては、細く水を出しっぱなしにしておくのも、効果的なやり方です。ただしこの場合には、水道代が気になってしまうことでしょう。

●配管の水を抜く“やり方”には手順がある
●手順を間違えるとうまくできない

排水用配管の種類と操作のやり方

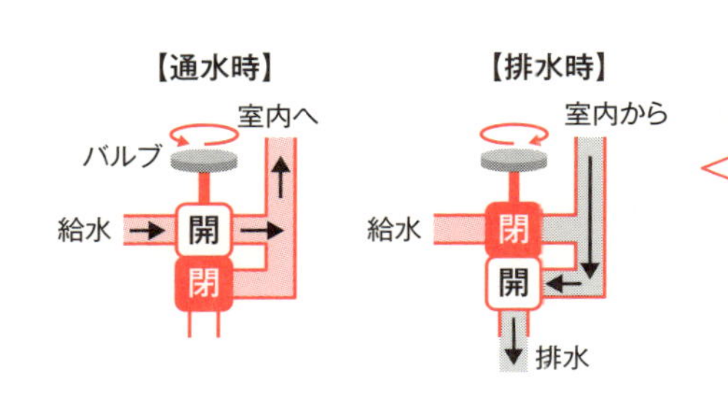

①1つのバルブによる方法

【通水時】

バルブ（不凍栓）を左に回して、排水を止めると同時に、通水を開始する

【排水時】

バルブ（不凍栓）を右に回して、給水を止めると同時に、配管内の水を排水する

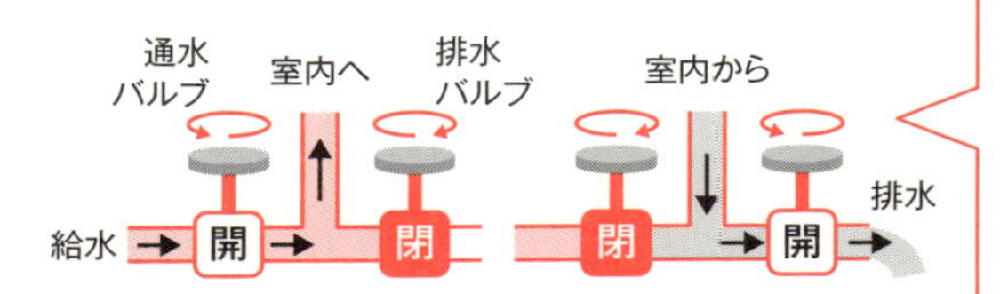

②2つのバルブによる方法

【通水時】

排水バルブを左に回して排水を止め、通水バルブを右に回して通水を開始する

【排水時】

通水バルブを右に回して通水を止め、排水バルブを左に回して配管内の水を排水する

水抜き手順例（2つのバルブの場合）

❶ すべての蛇口から水を出す

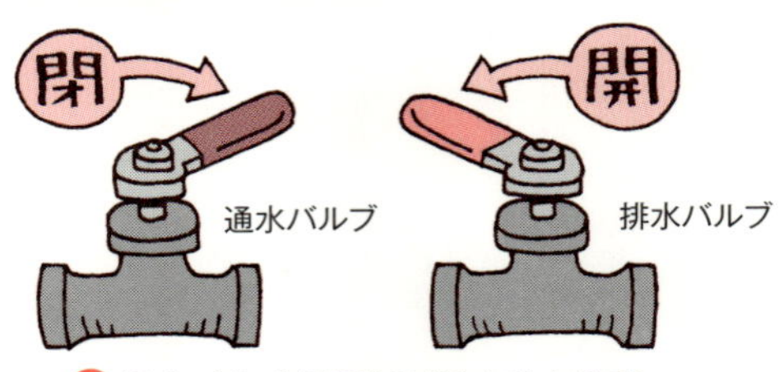

❷ 通水バルブを閉める（給水を止める）

❸ 排水バルブを開ける

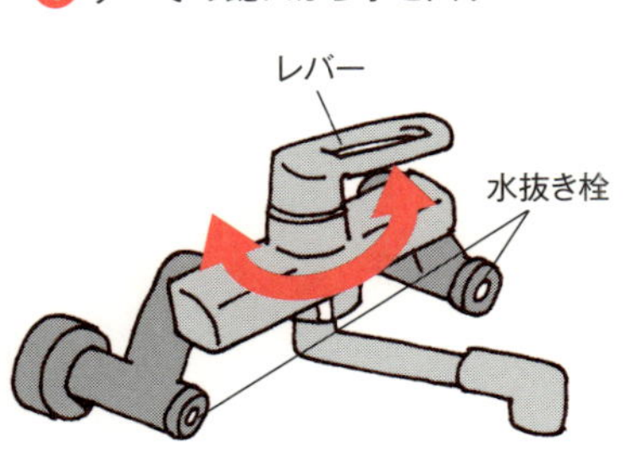

❹ 混合栓などの水抜き栓を外す

❺ 混合栓のレバーを温水側と冷水側に切り替えて、完全に水を出し切る

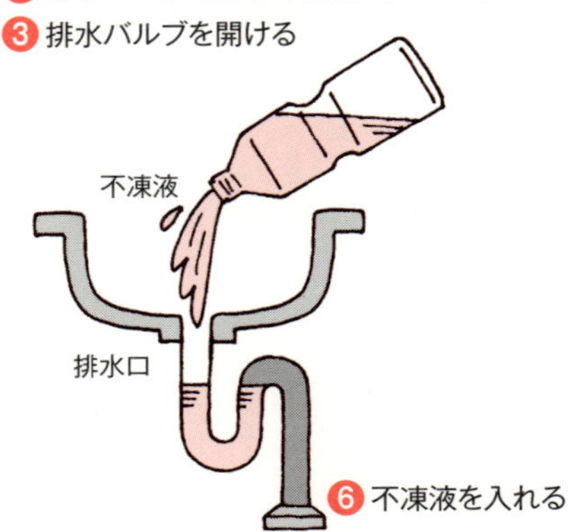

❻ 不凍液を入れる

7 お札の数え方

要領よく数えるやり方

お札を数えるなどというと、縁のない話だとか、数えるほどお札を持ったことがないという反論が聞こえてきそうです。しかし、お札に限ったことでなく、宝くじを数えるとか、年賀状とか、トランプとか…、束になったお札状のものを要領よく数えるには、人それぞれのやり方があると思います。

元銀行員の友人によれば、お札の数え方には〝タテ読み〟と〝ヨコ読み〟があって、数の少ない場合には〝タテ読み〟、多い場合には〝ヨコ読み〟にするそうです。〝タテ読み〟とは、お札を縦方向に1枚ずつめくって数えるやり方で、〝ヨコ読み〟とは、お札を扇状に開いて、一回に何枚ずつかをまとめて数えるやり方です。

私の場合を紹介しますと、通常はトランプのカードのように1枚ずつ数えます。これは確実な方法ですが、要領がよいとは言えません。そこで、〝ヨコ読み〟に挑戦します。百枚の束を読みやすい扇状に開くだけで、1週間くらいの練習が必要なのだそうです。

私の場合は、それよりずっと少ない枚数なので、練習なしでも大丈夫です。そして、まずは2枚ずつ、2、4、6、8と偶数で数えます。こうすると、1枚ずつより速いです。

そして次は、2枚と3枚を交互に数える方法で、2、5、7、10といった具合にすると、数えた枚数を覚えやすいです。

元銀行員の話では、すこし練習すると、5枚ずつ、5、10、15、20とできるそうです。さらには、10枚ずつもできるようになると言ってました。さすがにプロは、スピードが勝負なんですね！　そのために、新人行員は、お札と同じ紙で作った札束を数える日々が続くのだそうです。

また、ピン札の場合には、ぴったりくっついていて、数え違いがあるといけないので、〝タテ読み〟と〝ヨコ読み〟を合わせて行うとか、束を180度回転させて、数え直しをするとよいとも教わりました。

要点BOX

●お札の数え方には“タテ読み”と“ヨコ読み”がある
●手順を練習すれば要領よく数えられる

お札の数え方の種類

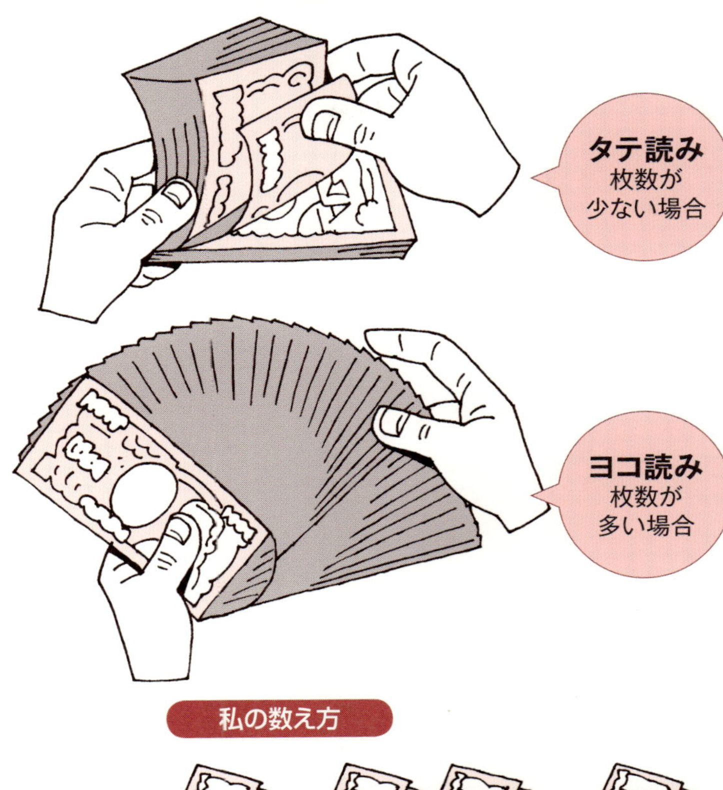

私の数え方

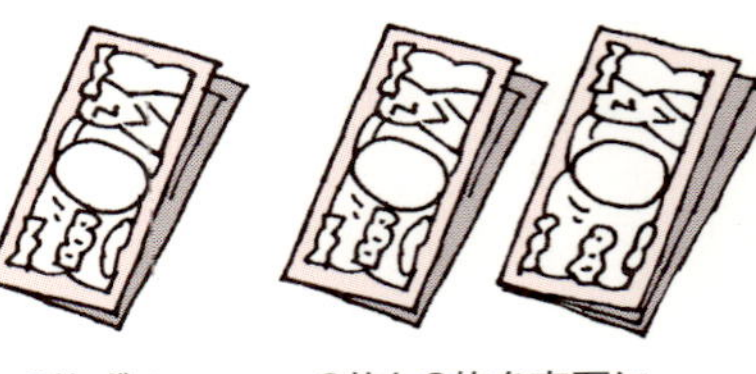

1枚ずつ数える

扇状に開いて“ヨコ読み”

8 メリットがあってこそアルゴリズム

〝やり方〟こそが「アルゴリズム」

私たちの普段の生活の中には、いろいろな〝ルール〟や〝しきたり〟とかいうものがあって、知らなかったりすると困ったり恥をかいたりすることがあります。

ここでは、私がこれまでに面白いと思って記憶に残っている〝やり方〟や、こんなところにも決まった〝やり方〟があったのだ！というもののいくつかを紹介しました。実は、この〝やり方〟というのが「アルゴリズム」そのものなのです。

〝アルゴリズム〟は、やり方、考え方、算法、手続、手法、技法、計算方法、計算の仕方、演算手順、解法…など、いろいろな日本語に相当しますが、私が思っている〝アルゴリズム〟は、単なる〝やり方〟などではありません。改めて〝アルゴリズム〟と呼ぶからには、それなりのメリットがあってほしいというのが私の考えです。

ここで例として紹介したそれぞれには、次のようなメリットがあると思います。

123456789を9回足すと？……努力した後の感激
迷路から必ず脱出できる方法……確実な方法
誕生日当てマジック…………仕組まれた仕掛け
よく使うものを選び出す方法…絞り込み整理
水道配管の水抜きのやり方………正しい手順
お札の数え方………………………効率アップ

このように、やり方に何らかのメリットがあると〝価値のあるアルゴリズム〟と呼べるのではないでしょうか？普段の何げない行動の中にも、実は沢山のアルゴリズムが組み合わさっていて、私たちはその時の目的に合った、そしてメリットを出せるようなアルゴリズムを、無意識の内に選択しているのです。ただ、そのことに気づいていないだけなんです。

理屈は後回しにして、こんなやり方をすると、こんなことができるのだ！　というところを、次章以降でもう少し体験していただきましょう。

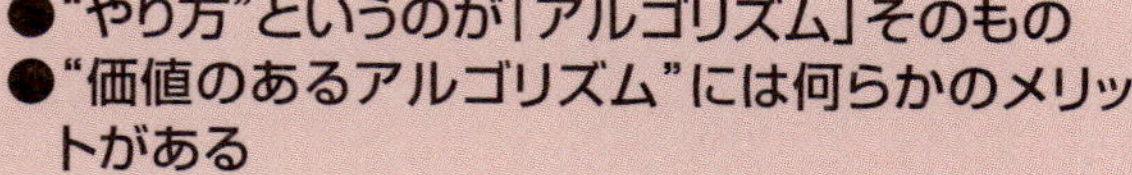
●“やり方”というのが「アルゴリズム」そのもの
●“価値のあるアルゴリズム”には何らかのメリットがある

生活の中の“ルール”や“しきたり”は、みんなアルゴリズム

算法
手法
技法
計算方法
考え方
演算手順
やり方
解法

より使いやすく、よりメリットのある“やり方”へ

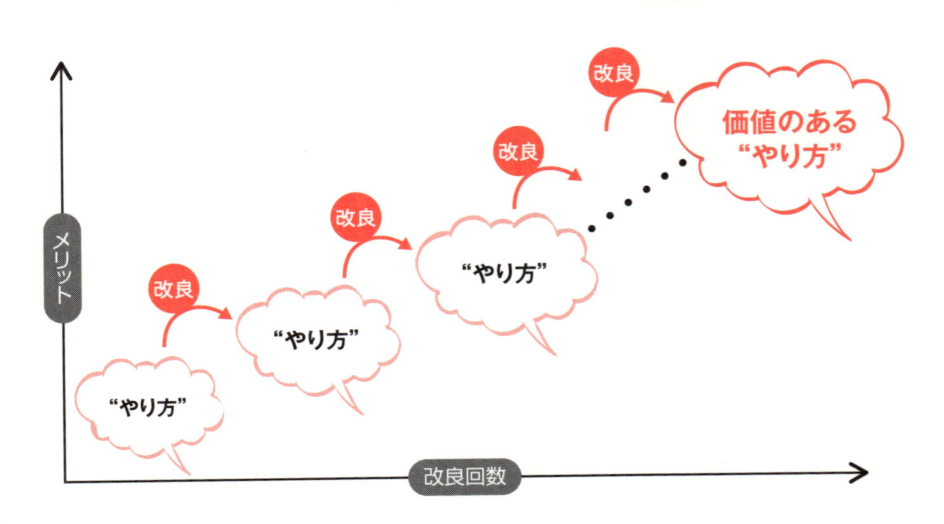

Column

アルゴリズムは何にでもある

アルゴリズムがコンピュータプログラムを考えるときだけにあるように思っていませんか？ 実は何にでもあるのです。私たちは、普段気づかずにアルゴリズムを考えながら行動しているのです。会社で働くビジネスマンも、企画作りや人事から事業計画まで、すべてにアルゴリズムを考えながら行われているのです。

アルゴリズムがしっかり考えられている計画は、きっと成功することでしょう！

アルゴリズムを意識しなくても考えられる人は、きっとリーダーとして活躍していることでしょう！

コンピュータは人間のやることを参考にして作られた機械です。ですから、アルゴリズムは、コンピュータが先ではなくて、人間が元々行っていたことだったのです。

今日、いろいろなロボットが人間に代わって作業をしていますが、役に立っている多くはプレイバックロボットといって、名人芸のアルゴリズムをそっくりまねしているだけなのです。アルゴリズムの原点はやはり人間なのです。

日々の生活において、もっとアルゴリズムを意識することにより、無駄な行動や時間消費を少なくしてみませんか？ 人間なら、できるはずです！

アルゴリズムがしっかりした雄弁家？

第2章

学校で習った“解き方”もアルゴリズム

9 ＋－×÷と( )の優先順位

算数で最初に出会うアルゴリズムは、＋－×÷の記号(演算子)で表される四則計算ではないでしょうか?

数式は左から右へ向かって計算しますが、"×と÷は、＋や－より先に計算する"というのがルールです。先に計算することを、"優先順位が高い"と言います。＋－だけの数式なら左から順に計算すればよいので簡単ですが、×÷が混じってくると優先順位の関係で計算する順序が変わります。

また、×を・で表したり省略する表し方があったり、÷を分数で表すことができたりと、段々複雑になります。さらに( )という最強の記号が登場してくると、なおさら厄介になります。

つまり、数式中に( )で囲まれている箇所があった場合には、( )の中の数式から先に計算するということです。( )の外に×と÷があったとしても、×と÷は( )より優先順位が低いので、まずは( )の中から計算を始めます。

では、やってみましょう。問題の計算では、( )で囲まれた式が2組あります。最初の( )のなかには、＋と×があるので、優先度の高い×の計算から処理することになります。両( )内の計算が終わったら、÷の計算、そして－の計算の順に処理すればよいのです。わかってしまえば、何てことないですよね。

もう一つ、台形の面積を求める公式で、計算の順序を確認してみましょう。この公式では、÷は分数で表され、×は省略されています。高学年になるほど、省略して表記する方が一般的になるようです。

さて、台形の面積を求める公式では、なにがなんでも( )の中から先に計算します。次に、÷と省略されている×とは同じ優先順位のため、左側の÷の計算から進めることになります。

ルールさえわかってしまえば、数式による表現は、世界中の誰にでもアルゴリズムを論理的かつ正確に伝えられる共通した手段と言えるでしょう。

要点BOX
- 算数で最初に出会うアルゴリズムは四則演算
- 優先順位の関係で計算する順序が変わる

四則を計算する順序

1. カッコの中を計算する
2. 掛ける(×)、割る(÷)を計算する
3. 足す(+)、引く(−)を計算する

※ 同順位の場合には、左から右へ

問題

(9+7×5)÷(7−3)−8　の計算

①まず、(　)の中から計算する
ここでは、2つの(　)があるので、左の(　)の中の×の計算から始める
(9+35)÷(7−3)−8=
②次は、左の(　)の中の+の計算
(44)÷(7−3)−8=
③今度は、右の(　)の中の−の計算
(44)÷(4)−8=
④以上で(　)の処理は終わったので、
次は÷の計算
11−8=
⑤そして、最後は−の計算
よって、答えは3

問題

台形の面積 = $\frac{(上底+下底)}{2}$ 高さ　の計算

この数式は、台形の面積を求める式として知られている公式である
÷が分数で表されていたり、高さの左側の×が省略されている

①何よりも(　)の中の計算を優先するため、
(上底+下底)の計算を行う
②次は分数で表されている÷と省略されている×があるが、
左から順に処理するというルールから
÷2　を計算する
③そして、最後に、
×高さ　を計算する

一見複雑そうな数式でも、ルールがわかってしまえば何ともない

10 文章題の解き方いろいろ

どういう条件で何が問われているのか

実は、小学校でいくつかのアルゴリズムを習っていました。それらは文章題（特殊算などとも言う）などと呼ばれていました。アルゴリズムという言い方をしていないので、気がつかなかっただけです。そして今でも、中学受験の試験問題（算数）として出題されているようです。

たとえば、次のようなものがあります。懐かしく思われる読者も、いらっしゃることでしょう。

鶴亀算…ツルとカメの総数と、足の数の合計から、ツルとカメの数を求める問題

植木算…植えた木の数が何本かということを求める問題

旅人算…異なる速さで進む二人が出合う時間や距離を求める問題

流水算…川を進む船の速さや時間を求める問題

過不足算…ものを分けたときの余った数や不足した数から、もとの数を求める問題

通過算…列車が橋やトンネルを通過するときの時間や長さを求める問題

仕事算…ある仕事をやるのにどのくらいの時間がかかるかといった問題

時計算…長針と短針が重なる時刻や、特定の角度を作る時刻を求める問題

和差算…二つの異なる数字の和と差から、それぞれの数字を求める問題

それぞれの典型的な問題を1問ずつ挙げておきますので、挑戦してみてください。なお、本章では、この中の代表的なものとして、通過算、鶴亀算、植木算について、取り上げることにします。

文章題は、問題の日本語の文章を、正しく理解することができるかどうかがポイントです。どういう条件で、何が問われているのかを理解することが重要です。

要点BOX

- 小学校で学ぶアルゴリズムに算数の文章題がある
- 文章題は問題文を正しく理解できるかがポイント

文章題の例

【旅人算】の例

A町とB町は3km離れています。
兄の太郎君がA町からB町に向けて分速120mで向かい、同じ時刻に弟の次郎君はB町からA町に向けて分速80mで向かいました。太郎君と次郎君は何分後に出会うでしょうか？

ヒント　1分ごとに、二人の距離がいくら近づくかを求めます

（答え：15分後）

【流水算】の例

分速250mの速さで進む船が、分速100mで流れている川を、3km遡るのに必要な時間は何分でしょうか？

ヒント　静水での船の進む速さと、川の流れによって押し戻される速さから、実際に進む速さを求めます

（答え：20分後）

【過不足算】の例

ピーナツを一人7個ずつ分けると11個あまり、一人9個ずつ分けると3個不足します。全部で何人いて、ピーナツは何個でしょうか？

ヒント　一人に2個増やすと、11個の余りの他に、さらに3個不足するということから…

（答え：7人、60個）

【仕事算】の例

A君が一人でやると20日で終わり、B君が一人でやると30日で終わる仕事があります。この仕事を二人でやると、何日で終わるでしょうか？

ヒント　2つの条件の最小公倍数を求め、それを全体の仕事量とする

（答え：12日）

【時計算】の例

2時と3時の間で、時計の短針と長針が重なる時刻を求めなさい。

ヒント　短針は1分で0.5°進み、長針は1分で6°進むことから、1分間で5.5°距離が縮むことになる

（答え：2時$10\frac{10}{11}$分）

【和差算】の例

A君とB君のテストの結果を足すと140点です。A君の方がB君より20点良かったとすると、二人のそれぞれのテストの結果は何点だったでしょうか？

ヒント　両方の差分を足して2で割ると大きいほうの点、差分を引いて2で割ると小さいほうの点

（答え：A君80点、B君60点）

11 橋を渡る時間（通過算）

先頭が入ってから、最後尾が出るまで

通過算とは列車や車がある地点を通り過ぎたり、トンネルや橋を通過するときの時間や速さ、道のり等を求める問題で、三つのタイプがあります。

タイプⅰ…自分の前、または電柱など太さを考慮しなくてよいものを通過する場合

タイプⅱ…橋やトンネルなど長さを考慮する必要のあるものを通過する

タイプⅲ…橋やトンネルの中を通過する

タイプⅰは最も簡単です。この場合の速さは、距離を通過時間で割るという、通常の速さを計算する公式で求められます。

タイプⅱは通過算のメインです。「鉄橋を通過する」というのは、列車の先頭が鉄橋に入ってから、列車の最後尾が鉄橋を出るまでのことを指します。したがって、考え方のポイントは「先頭が入って、最後尾が出るまで」ということになります。図に書いてみるのがわかりやすいでしょう。解き方の図を参照してください。「先頭が入って、先頭が出るまで」ではありませんのでご注意ください。

ということなので、列車が実際に走った距離は、鉄橋の長さに列車の長さを加えた長さになります。

したがって、列車の速さは、鉄橋の長さに列車の長さを加えたものを、通過時間で割るという計算で求まります。答は、秒速18mです。

ここでは「鉄橋」としましたが、「ホームを通過する」や「トンネルの中を列車が通り抜ける」などになる場合もあります。

また、列車どうしの追い越しやすれ違いのケースを通過算とする場合もありますが、速さを足し引きして求めるというやり方から、いわゆる旅人算の応用として扱うことができます。参考のために、追い越す時間は、列車どうしの長さの和を速さの差で割れば求まります。すれ違う時間は、列車どうしの長さの和を速さの和で割れば求まります。

要点BOX
- 通過算には三つのタイプがある
- 渡る橋の長さに列車の長さを加えたものを通過時間で割る

通過算の例（タイプii）

問題

長さ48mの列車が、240mある鉄橋を通過するのに16秒かかりました。
この列車の速さは秒速何mでしょうか？

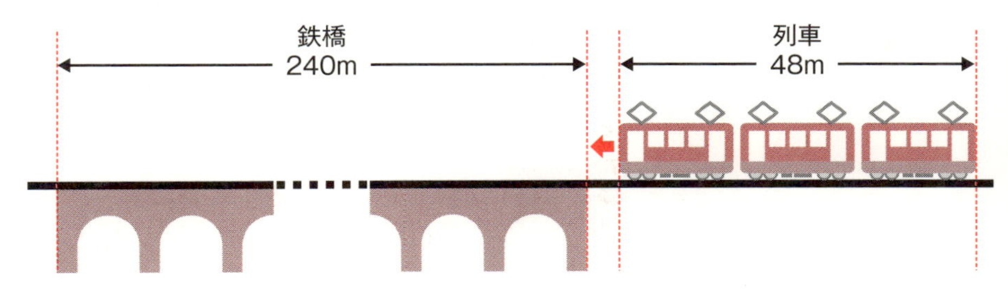

通過するのに16秒かかる

解き方

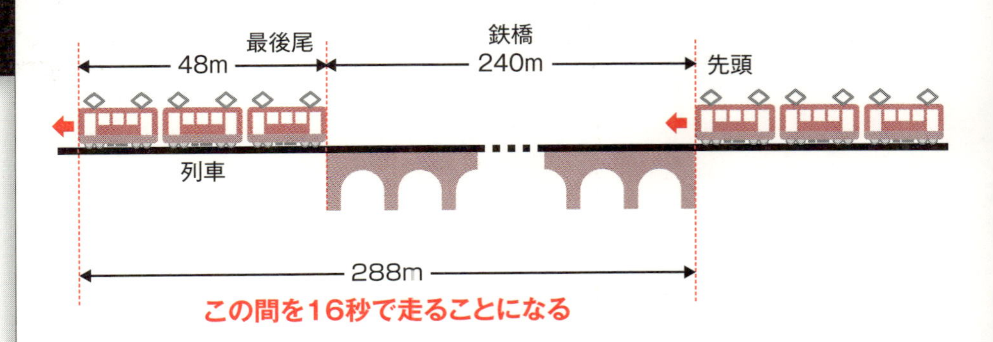

この間を16秒で走ることになる

12 トンネル内にいる時間（通過算）

最後尾が入ってから、先頭が出るまで

タイプⅲでは「トンネルを通過」する状態によって、さらに二つに分かれます。

a：列車の先頭がトンネルに入ってから、列車の最後尾がトンネルを出るまで

b：列車の最後尾がトンネルに入ってから、列車の先頭が出るまで

aの場合は、鉄橋を通過する通過算タイプⅱの場合と同じです。

bは「トンネルの中にかくれて見えなくなっている」などの問題になります。問題では経過時間が20秒とわかっていて、速さ（秒速）を求めているので、この経過時間に列車の進んだ距離がわかれば計算できます。しかし、その距離は単にトンネルの長さではありません。ここが、この問題のポイントです。

「列車の最後尾がトンネルに入ったとき」に列車の先頭はすでにトンネルの入口から列車の長さ分だけ、先に進んだ位置にいます。そして、その位置からトンネルを出るまでの長さが、進んだ距離となります。

この場合にも、解き方の図を参照してください。実際に列車の進んだ距離は、トンネルの長さ390mから列車の長さ50mを引いた長さなので、それを経過時間の20秒で割れば、列車の速さが求まることになります。答は、秒速17mです。

では、少し難しい問題を出しましょう。

『ある列車が960mのトンネルを通り抜けるのに52秒、480mのトンネルを通り抜けるのに28秒かかりました。この列車の速さは秒速何mでしょう』

列車が通り抜けるのですから、aに該当します。2つのトンネルの通過時間が知らされていますが、列車の長さがわかりません。さあ、どうしましょう。

960m＋列車の長さ＝速さ×52秒

480m＋列車の長さ＝速さ×28秒

として、両式の引き算をすれば、もうできましたね。答は、秒速20m、列車の長さは80mです。

要点BOX

- ●「トンネルを通過」する状態で解き方が違う
- ●実際に進んだ距離はトンネルの長さから列車の長さを引いた長さ

通過算の例（タイプⅲ）

問題

長さが50mの列車が、390mあるトンネルの中にかくれて見えなくなっている時間が20秒間ありました。
この列車の速さは秒速何mでしょうか？

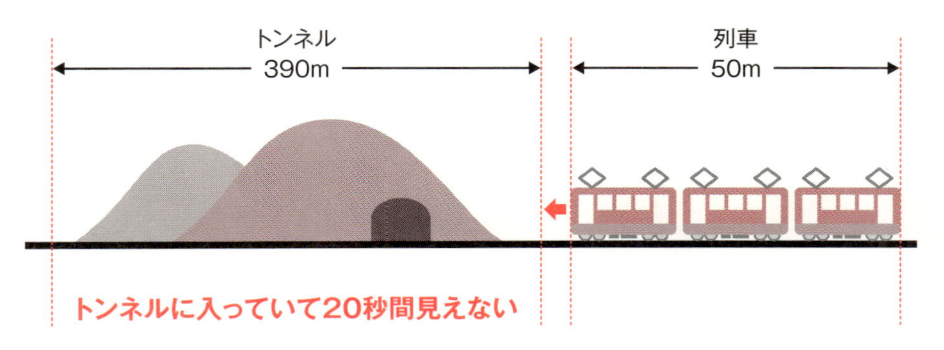

解き方

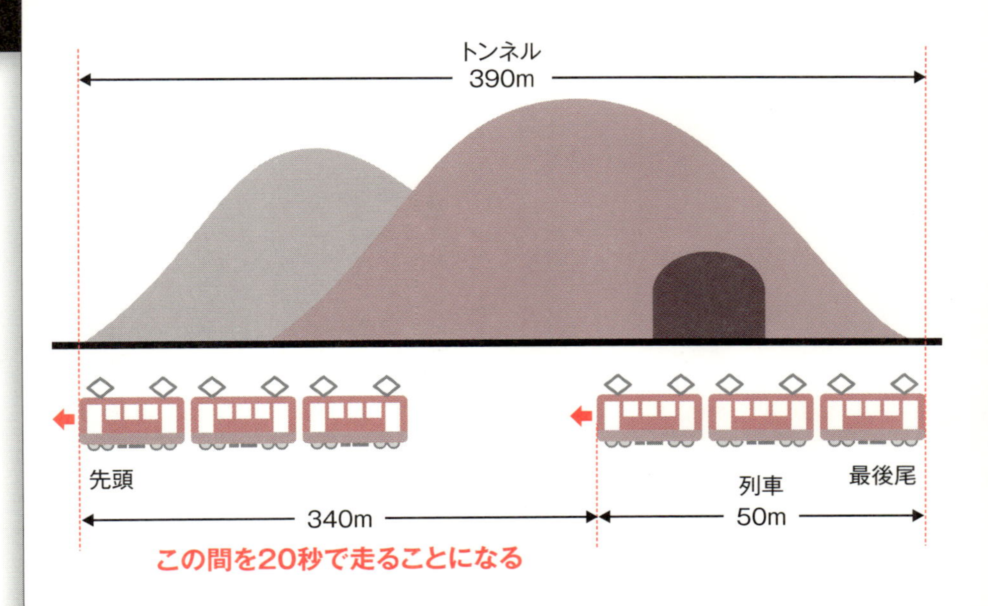

13 直線に木を植える（植木算）

直線上という条件

次は、植木算です。これまた懐かしい課題ですね。

植木の代わりに、旗や道路工事現場の三角コーンなどで出題されることもあるようですが、手法としては植木算を用いればできると見抜ければ勝ちです。

植木算は、等間隔に植えられた木の本数、間隔、全体の長さのうち、二つを知って残りの一つを求めるという問題で、次の二つのタイプがあります。

タイプⅰ…直線上に植える

タイプⅱ…円周上に植える

まずタイプⅰの直線上に植えるタイプの解き方を考えましょう。「100mの道に沿って」「5mおきに」という二つの条件から、木の本数を求めるという問題です。

こんなの簡単だ！　と、道の長さ100mを木の間隔5mで割って、20本が正解だったら、"植木算"なんてあえて名前がつかないのですよ。

正解は、21本。木の数は間隔の数より1本多くなるのです。ここが植木算タイプⅰのミソ！

なぜなら、直線上ってところが曲者なのです。図に示した解き方のように、区間と木をひとまとめにした単位として考えてみましょう。すると、最後の20区画目の先の端っこに、まだ数えられずに残っている木が1本あることに気がつくでしょう。この1本を忘れてはいけません。

ただし、この問題では「端から端まで」というのが条件でしたが、ひねった問題には「両端には木を植えない」なんて条件もあって、この場合には逆に1本少なくなるのです。

わかってしまえば何てことないのですが、問題の文章をきちんと読んで、出題者の意図するところを正しく理解しないと、きっと引っかかってしまうことでしょう。この植木算は、植木算だけに留まりません。いずれ、数列を学ぶときにも役立ちますので、しっかりと理解しておくことをお勧めします。

要点BOX

- 植木算には直線上と円周上の二つのタイプがある
- 直線状の計算は両端に植木があるかないかがポイント

植木算の例（タイプⅰ）

問題

100mの道に沿って、端から端まで、5mおきに木が植えてあります。
何本の木が植えてあるでしょうか？

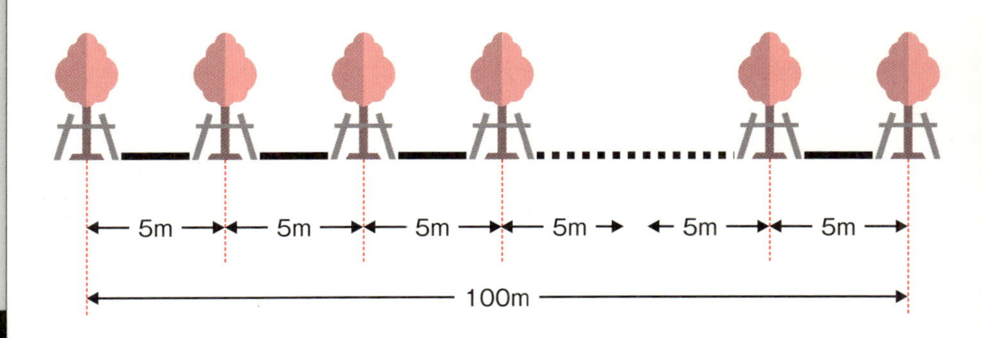

解き方

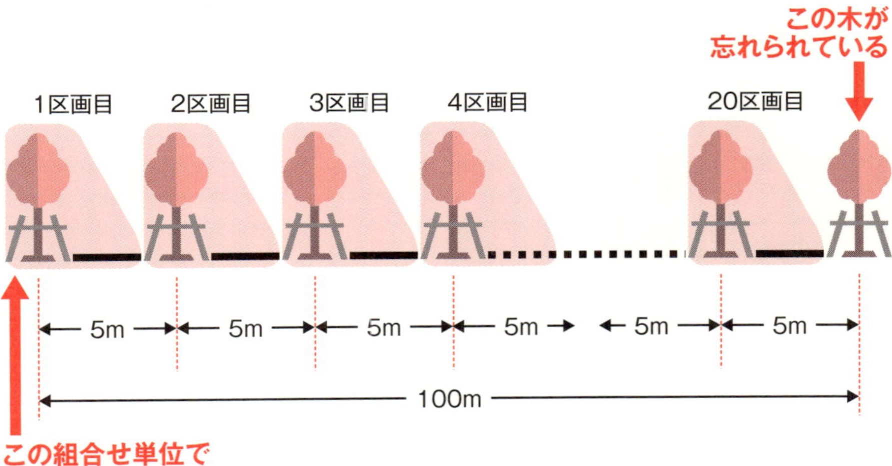

14 円形に木を植える（植木算）

円形には端はない

植木算のもう一つのタイプⅱは、円周上に植えるという問題で、図に示すような植え方になります。

「周囲が100m」で「5mおき」というタイプⅰの時と同じ条件で、木の本数を求める問題です。違うところは、直線上か、円周上かということになります。

そこで、タイプⅰと同様に、区間と木をひとまとめにした単位として考えることにしましょう。池の一周の長さ100mを間隔5mで割って、区画数を求めると、20区画となります。

さて、これからですが、この場合には、直線上の道の場合と違って、1本多くする必要はありません。なぜなら、最後の区画の先が、最初の区画の木につながるからです。

生噛りで植木算を知っていたりすると、つい1を足したり引いたりしたくなるところですが、ここはグッと堪えてすませましょう。素直に計算すればよいのです。つまり、答えは20本となります。

この植木算では、植える場所に端があるかどうかがポイントです。直線には両端があります。円形には端はありません。

植木算を解くときのポイントは、次のようになります。

・問題を正確に読んで、状況をイメージする。
・直線上に並んでいる場合は、木の本数は木の間の数よりも1本多い。
・円周上に並んでいる場合は、木の本数と木の間の数は同じ。

植木算に似たような考え方をする問題として、日数の数え方があります。例えば、旅行のパンフレットなどに3泊4日と書かれていた場合、8月1日に出発するとしたら、帰りは何日になるでしょうか？　答えは、8月4日ですよ。1日に4日を足して、8月5日ではありません。

●直線には両端があり、円形には端がない
●問題を正確に読んで状況をイメージする

植木算の例（タイプⅱ）

問題

周囲が100mの池の周りに5mおきに木を植えることにしました。
木は何本必要でしょうか？

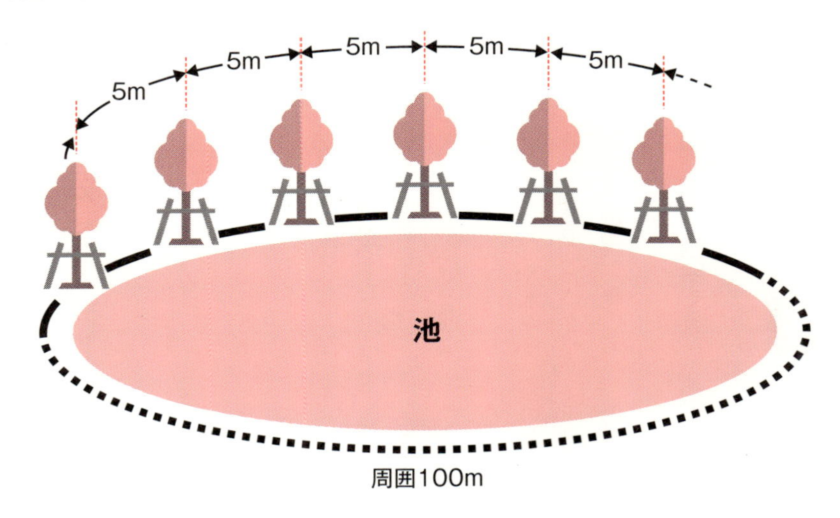

解き方

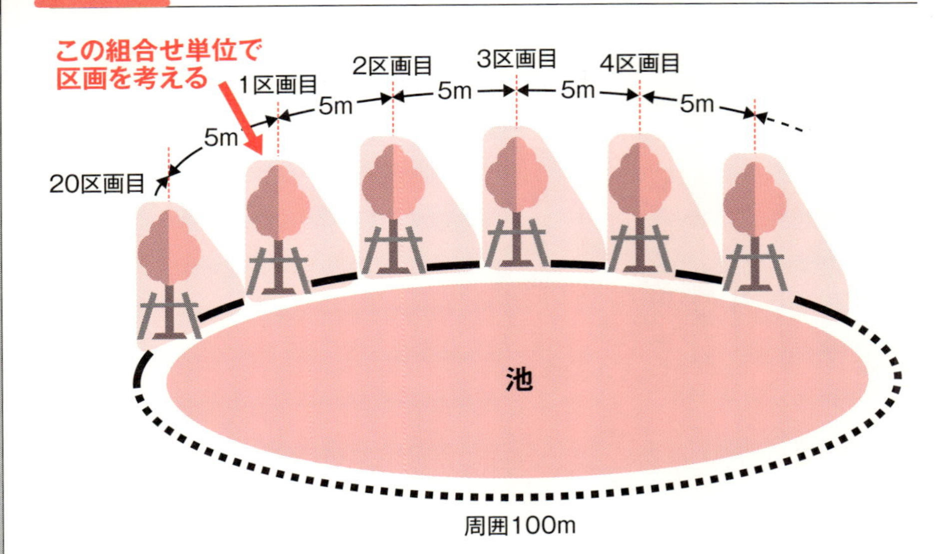

15 鶴と亀はそれぞれ何匹？（鶴亀算）

差分をイメージするアルゴリズム

私の年代（60歳台）にとっては、大変懐かしい問題です。小学校の中学年だった頃に習ったように記憶しています。今日では、中学受験の際に必ず出るとまで言われているアルゴリズムです。

鶴と亀との合計匹数と、その場合の足の総数を知って、それぞれの匹数を求めるという問題です。

まずは、すべてが鶴だったとして考えましょう。すると、足の数の合計は、鶴の足の数が2本で6匹なので、足の総数は12本となります。

課題では足の数は20本となっているので、20本から12本を引くと、8本となり、8本が余ることになります。この余りは、鶴と亀の足の本数の違い（亀の方が多い）によるものです。

鶴と亀の足の数の違いは、あらためて説明するまでもなく、差は2本です。

つまり、鶴と亀を1匹ずつ交換すると、足の数の合計が2本ずつ増えることになります。そこで、鶴が6匹として計算した足の余りの8本を、鶴と亀の足の数の差2本で割ると、4となり、4匹を交換すれば、足の余りは解消することがわかります。したがって、亀の数は4匹と決まります。

一方の鶴の数は、合計が6匹ということから、亀の数4匹を引いて、2匹と求まります。

さて、この鶴亀算のアルゴリズムは、一体何の役に立つのでしょうか？　小学校で習う算数なんて、実生活では何の役にも立たないと思っていませんか？　いやいや、役に立つのです。

例えば、『太郎君は、徒歩では分速120m、走ると分速250mです。あと15分で発車する列車に間に合うためには、2320m先にある駅までの何m区間を走ればよいでしょうか？』といった問題なら日常茶飯事でしょう。こういった問題も、鶴亀算のアルゴリズムで解けるんです。鶴や亀は出てきませんが〝鶴亀算のやり方〟で解決できるんです。答は次項で。

要点BOX

- 足の余りの数を、鶴と亀の足の数の差2本で割る
- "鶴亀算のやり方"は差分を計算する問題で役に立つ

鶴亀算の例

問題

鶴と亀が合わせて6 匹います。足の合計は20 本でした。
鶴と亀はそれぞれ何匹ずついますか?

解き方

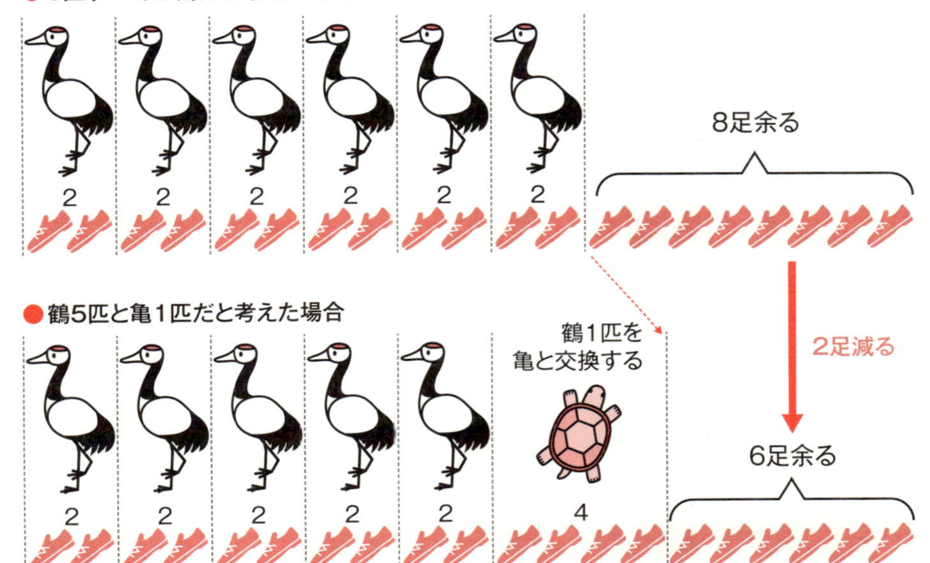

16 鶴亀算の別解

連立方程式での解き方

今の時代なら、連立一次方程式として解くことになるでしょう。鶴と亀の匹数をそれぞれx、yと置いて、問題の条件から図のように二つの式が作れれば、そのあとは機械式に答えが出てきます。答えは出るけれど、なんとも味気のないやり方ですね。

これでは、鶴や亀の姿を思い浮かべている余地などありません。算数をつまらなく感じ、算数嫌いの子が増えるのは、こんなところからきているのではないでしょうか？　おもしろく教え、興味を持って覚える、というのがいいですよね！　算数は、役に立つ勉強なのですから。

さて、それでは鶴亀算の一般的な解き方を、図下のように箇条書きにしてみましょう。

全てを鶴とした場合には、足が余ることになるため、少しずつ鶴を亀に置き換えながら、亀の数を求めることができます。逆にすべてを亀とした場合には、足がたりなくなり、亀を鶴に置き換えながら鶴の数を求めることになります。いずれにしても、解き方は同じです。

方程式の場合には、足の数が余る場合（すべてを鶴と考えた場合）には正の数、不足する場合（すべてを亀と考えた場合）には負の数となるくらいの違いでしかありません。

説明するまでもないとは思いますが、鶴と亀にこだわる必要はありません。リンゴとバナナとか、切手とハガキとかは定番ですが、その他にもいろいろな変形があります。それはそれでよいでしょう。

しかし、そもそも鶴亀算というこの問題には、二つの疑問点があるのです。まず、鶴は鳥なので、何匹ではなく、何羽と数えるのが一般的ではないでしょうか？　また亀の足の数ですが、2本は手なのではないでしょうか？　どうでもよいことですが、気になります。

ところで、前項末の問題の答ですが、太郎君は4分間だけ走ればよいのです。できましたか？

- ●鶴と亀の匹数をそれぞれx、yと置いて連立一次方程式で解く
- ●算数は高度なアルゴリズムを理解する基礎

鶴亀算と連立方程式で解く例

鶴をx、亀をyとおいて、次のような連立方程式として解く

まずは、「合わせて6匹」から

$x+y=6$ ……………① ＜ 鶴と亀の匹数の合計

次に、「足の合計が20本」から

$2x+4y=20$ ……………② ＜ 足の数の合計

①をxについて解く

$x=6-y$ ……………①' ＜ 鶴の数xを、総数6から亀の数を引いたものに置き換える「すべてが亀だとしたら」という計算をするための前提

①'を②へ代入 ……………

$$2(6-y)+4y=20$$
$$12-2y+4y=20$$
$$2y=8$$
$$y=4$$ ……………③ ＜ あっけなく亀の数が求まる

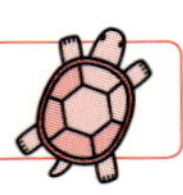

③を①'へ代入

$x=6-4=2$ ……………＜ 鶴の数が求まる

鶴亀算の解き方

① 全てが鶴だったとして足の数を計算する
② 足の総数から求めた足の数を引く
③ 求まった足の数の差を、鶴と亀の足の数の差で割ると
④ 亀の匹数が求まる
⑤ 総匹数から、求まった亀の匹数を引けば
⑥ 鶴の匹数が求まる

＊全てを亀として計算すれば、最初に鶴の匹数が求まり、それをもとに亀の匹数を求めることになる（解き方は同じ）

17 平方根を求める（開閉法）

高校レベルの計算法

少し難しくて（高校レベル）、やりがいのある「平方根を求めるやり方」を紹介しましょう。今では、電卓の√キーを押せば、簡単に求められますが、紙と鉛筆でゴリゴリとやって求めるのも、暇つぶしにはよいものですよ！

例として、"ひとよひとよにひとみごろ"と誰でもよく知っている2の平方根＝1.41421356を、手計算で求めてみましょう！

このやり方は、書き方にチョットした約束があります。それさえ覚えてしまえば、あとは粘り強く繰り返すだけです。

まず、平方根を求めたい数を書いて、小数点を基準にして二桁ずつに区切り、二桁を単位として扱います。小数点以下は、必要に応じて0を追加します。そして、割り算に似たような筆算を行います。

もう一つは、補助的な計算を、その右側で行います。こちらは、基本的に足し算ですが、毎回桁が増えるという"ヘンテコな計算"をします。また、掛け算と見立てることにも利用します。具体的なやり方は、図を見てください。

もっと素朴なやり方もあります。それは、一桁ずつ順に二乗計算を行って求めるというやり方です。1ケタは0～9までの十通りなので、最大でも10回の二乗計算をやれば、一桁が決まります。電卓を使えば、楽ちんです。ここでも、2の平方根を求めてみましょう。まずは、1と2の間にあることは明白です。次の小数第一位を求めるには、1.1の二乗、1.2の二乗、1.3の二乗…と順に電卓を叩いて行き、1.5の二乗で2を超えることを確認します。だから1.4を採用。

小数第二位は、1.41の二乗、1.42の二乗と電卓を叩いて行って、ここで2を超えることがわかります。さらに1.411の二乗、1.412の二乗と進めていきます。電卓を使う限りにおいては、思ったよりあっけなく処理できてしまいますよ。

●「平方根を求めるやり方」を手計算で解いてみる
●計算の書き方にチョットした約束がある

√2を求めてみる

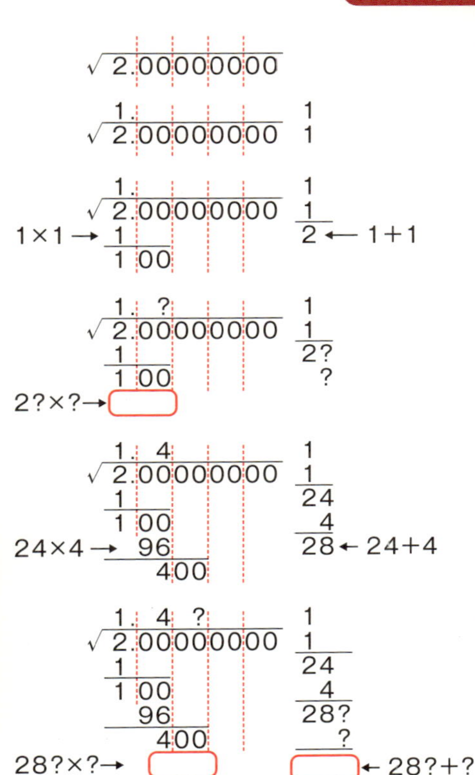

① 小数点を基準にして、2ケタずつを線で区切る。小数点以下は、求める桁数の2倍分の0を書き加えて2けたずつを線で仕切る

② 一番左の数2について、2乗して 2を超えない最大の数1を求め、√の上と、右側のスペースに図のように縦に重ねて2つ書く

③ 右側に二段書きした数を掛け算した結果（1×1＝1）を2の下に書き、2から引いた数（1）と、次のケタの00を下に下ろす。右側の二段書きした数を足し算した結果（1+1=2）を下に書く

④ 右側に二段書きした数（2）の右と下に、1ケタの同じ数を書いて掛け算した結果（2?×?=）が、100を越えない最大の数（?）を求める

⑤ ?が4であると判明し、√の上の二桁目の位置に書く。右側に二段書きした数を掛け算した結果（24×4=96）を100の下に書き、100から引いた数（4）と、次のケタの00を下に下ろす。右側の二段書きした数を足し算した結果（24+4=28）を下に書く

⑥ 右側に二段書きした数（28）の右と下に、1ケタの同じ数を書いて掛け算した結果（28?×?=）が、400を越えない最大の数を求める

⑦ ?が1であると判明し、√の上の三桁目の位置に書く。右側に二段書きした数を掛け算した結果（281×1=281）を400の下に書き、400から引いた数（119）と、次のケタの00を下に下ろす。右側の二段書きした数を足し算した結果（281+1=282）を下に書く。

⑧ 右側に二段書きした数（282）の右と下に、1ケタの同じ数を書いて掛け算した結果（282?×?=）が、11900を越えない最大の数を求める。?が4であると判明し、√の上の四桁目の位置に書く。右側に二段書きした数を掛け算した結果（2824×4=11296）を11900の下に書き、11900から引いた数（604）と、次のケタの00を下に下ろす。右側の二段書きした数を足し算した結果（2824+4=2828）を下に書く。

以下同様の処理を繰り返せば、必要なだけの桁数を得ることができる。

Column

再帰的アルゴリズムは面白い

コンピュータプログラミングにおいて、わかり難いけど面白いと思うのが、この「再帰的」というやり方で、どうしても紹介したいのです。

一言で言うと、あるプログラムが、その中で自分自身のプログラムを再利用しているというものです。ロシアの民芸品のマトリョウシカのように、自分の中に自分が何重にも入れ子になっているというアルゴリズムです。わかり難いでしょう!でも、わかると面白いんですよ。

よく例に出される階乗の計算でイメージだけでも感じてください。これは、nの値によって入れ子になる回数が変わる反復処理のような制御構造になります。

実際に再帰的プログラムを作る場合には、呼び出される度に新しいメモリを確保するという特異な書き方が要求されます。

ある数nの階乗とは?

n!と書いて

$n! = n \times (n-1) \times (n-2) \times \cdots \times 1$

という計算をします。

ただし、0の階乗は0! = 1 と定義されています。

例えば、3! = **3 × 2 × 1** = 6 となります。

←この部分の計算の仕方が面白いんです

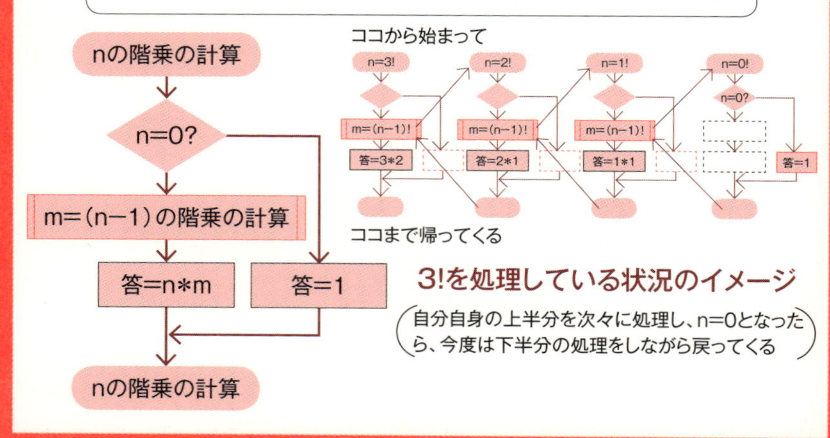

3!を処理している状況のイメージ

自分自身の上半分を次々に処理し、n=0となったら、今度は下半分の処理をしながら戻ってくる

第3章 “速算術”というアルゴリズム

18 お買い物は暗算で（補数）

おつりの計算

子どもたちの計算能力を高めたり、お年寄りのボケ防止対策として、暗算が見直されています。電卓の登場やクレジットカードの利用者が増加するなどで、日常生活から暗算の必要性が激減していることも事実です。

スーパーなどで買い物をすると、つい買いすぎになる傾向があるようで、レジに並んでいる間中、財布の所持金内で収まるかどうかを心配するのは私だけでしょうか？　買ったものの、累計を暗算で求める計算法は、問題2で扱うことにし、問題1ではおつりがいくらかということを、暗算で計算する方法について紹介します。

それには、「補数」という考え方を使います。補数とは「ある数に足したとき、桁が1つ繰り上がる数のうち最も小さい数」と定義されています。

たとえば、86の補数は、100−86＝14となります。これは、10進数なので、「10の補数」と言います。でも、このままでは、いつもやっている計算と同じです。暗算でやるには、各桁の数を9から引いて（9の補数と言う）、最後に1をたすと「10の補数」になります。86の場合、9−8＝1、9−6＝3、から求まった数13に＋1した14が「10の補数」となります。

問題1のように桁数が多くなると、この方法の有難さがわかると思います。

スーパーの場合には、レジのお姉さんが機械で合計を計算してくれるので、おつりだけを考えれば済むのですが、縁日の屋台などでは、自分でしっかり計算しないと、間違われることがあります。そんな場合には、別の考え方で暗算します。

問題2では、個々の数をわかりやすい数と差分に分ける前処理をしておいてから計算するという方法を取ります。少し慣れると、要領良く使うことができる計算法です。お試しください。

●おつりの計算には「補数」を使う
●「ある数に足したとき、桁が1つ上がる数のうち最も小さい数」が補数

おつりの計算例

問題1

スーパーのレジで、6,478円の買い物をしました。
1万円札で支払った場合、おつりはいくらでしょう?

各ケタの数を9から引いて、得られる値に1を足します。
つまり、

6 →　9 − 6 = 3
4 →　9 − 4 = 5
7 →　9 − 7 = 2
8 →　9 − 8 = 1

となって、得られた値は3,521
これに1を足した3,522円がおつりです。
このくらいの暗算ならできるでしょう!
(一の位だけ10から引くと考えてもよいです)

問題2

朝市で、3,980円の魚の干物と、2、180円の生わかめを買いました。
1万円札で支払った場合、おつりはいくらでしょう?

3,980+2,180=を計算しようとしてはいけません。暗算では、早々に行き詰ってしまいます。
では、どうするか?

まずは、次の前処理をします。

3,980 = 4,000 − 20
2,180 = 2,000 + 180
差額の和は、−20 + 180 = 160

これなら、暗算でできる気がしてきませんか?
1万円から、4,000円と2,000円(合計6,000円)を引いて、さらに160円も引きます。
おつりは、3,840円です。簡単にできましたね。

3,980 = 4,000 − 20

2,180 = 2,000 + 180

暗算でもできる

10000 − 4000 ← 干物の分
= 6000 − 2000 ← 生わかめの分
= 4000 − 160 ← 差額の分
= 3840 ← おつり

19 速度の計算（時速）

時速60㎞を基準にする

時間に関する計算は、12進だの60進だのと面倒くさい。しかし、速度計算に関しては、時速60㎞で1分間に1㎞走ることを利用すると、比較的楽に計算できます。

日本の高速道路の場合、時速100㎞で走るのが一般的です。ところが、計算するとなると何かと面倒なのです。1時間は60分なので、時速100㎞を分速にすると1・66…㎞となって、その後の計算が厄介に思え、やる気をなくします。

そこで、時速60㎞だとしたら、分速1㎞となって計算しやすいですよね。ということで、とりあえず時速60㎞として計算しておいて、出た結果を時速100㎞に換算すればよいのです。

所要時間を求めている場合（問題1）には0.6倍（6／10倍）、走れる距離を求めている場合（問題2）には1・66…倍（10／6倍）します。面倒な計算は、この1回だけで済みます。

さて、高速道路の渋滞情報などで、渋滞の長さと通過時間が発表されますが、渋滞現場での車速を知ると気が楽になる場合があります。

たとえば、「渋滞の長さが10㎞…」などと聞くと、『え〜』とガッカリしてしまいますが、「通過時間が30分」なら、車速は時速20㎞となるため、一般道並みの速さでは走っているのだとわかって、一安心なんてことになります。

この場合には、通過時間と1時間との関係を比率や分数で把握すると、運転しながらでも暗算で渋滞最中での車速を求めることができます（問題3）。まったく止まってしまう程なのか、歩く程度（時速約4㎞）の遅さなのか、それともそれなりに走っているのか、などといった様子がわかれば、精神的にも穏やかになれるでしょう。お試しください。

●時速60kmとしたら分速1km
●時速60kmで計算して出た結果を時速100kmに換算する

速度の計算例

問題1

時速100kmで20km走るのに要する時間

時速60kmでは、1km走るのに1分かかります。
また、20km走るには、20分かかります。
よって、時速100kmの場合には、

$$20分\times\frac{時速60km}{時速100km}=20分\times0.6=12分$$

と求まります。

問題2

時速100kmで15分間に走れる距離

時速60kmでは、1km走るのに1分かかります。
また、15分間では15km走れます。
よって、時速100kmの場合には、

$$15km\times\frac{時速100km}{時速60km}=15km\times1.66\fallingdotseq25km$$

と求まります。

問題3

渋滞10kmを通過するのに30分かかる。車速は?

通過時間と1時間との関係を求めると、車速(時速)が計算しやすくなります。
30分は1時間の1/2、よって車速は10km × 2 = 時速20kmとなり、
ノロノロだが、それなりに流れていることがわかります。

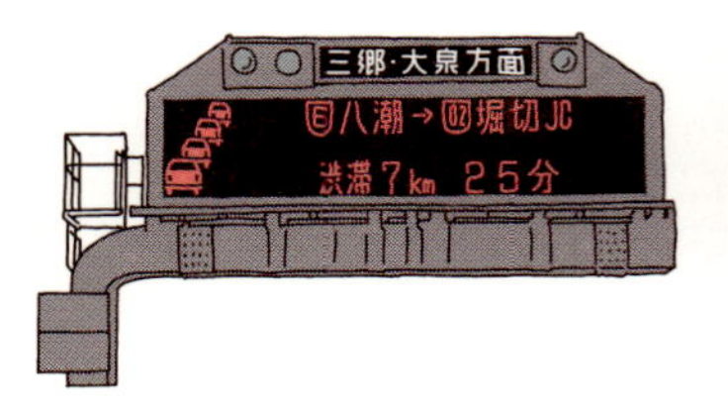

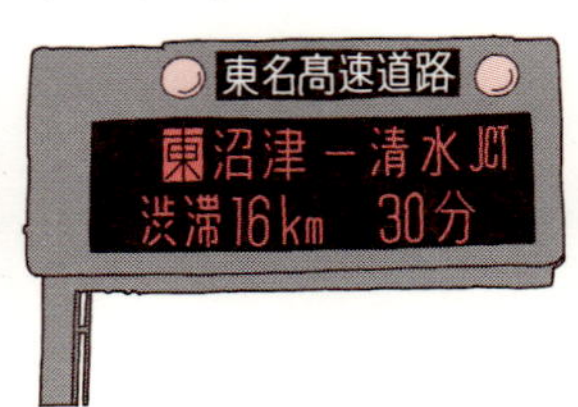

20 インド式計算法（足し算・引き算）

インドは零の発明という人類文化史上に巨大な一歩をしるした国です。紀元前1200年頃から「インド数学」が始まっていて、小学校教育から徹底的にたたきこまれると言われています。少なくとも20×20までの掛け算を、5年生の10歳までに、暗唱できるようになるようです。

そんなインド数学にあるインド式計算法という速算術のいくつかを紹介しましょう。インド式計算には、計算のやり方が簡単、計算が早い、暗算でも答えが出せる、計算ミスが減る、などの特徴があります。ここ数年、教育分野で脚光を浴びているようです。また一方で、ボケ防止や脳トレなどのために取り組むという傾向もあるようです。

速算術という言葉は、あまり聞いたことがないかもしれませんが、中学3年の「数と式」に登場します。その狙いは、計算の仕組みを文字式を使って明らかにしたり、違う方法で早く正確な答えの出し方を見つけ出すことです。計算が早くできるということは、計算量が減るということになり、結果として計算間違いを減らすことにつながると考えられます。

では、さっそく体験してみましょう。

①インド式足し算

桁の多い大きな数を足し算するときにこそ有効な方法で、2桁ずつ足し算をすることで計算速度をアップさせます。具体的なやり方は、例1を見てください。やり方がわかってしまえば、さほど驚きませんね。さらに慣れれば3桁ずつ足し算をすると、さらに早く計算できます。当然ですよね。

②インド式引き算

引く方の数を計算しやすいように2つの数に分け、例2や例3に示すように2段階で計算します。どのような2つの数に分ければ、計算しやすくなるのかの判断が大切です。例3の別な方法のように、大きな数と不足分のように分けるのも効果的でしょう。

要点BOX
- ●桁の多い大きな数を足し算するのに便利なインド式足し算
- ●どのような数に分けるかで速さが変わる

インド式足し算と引き算の例

例1 23472 + 38493 の計算方法

```
   23472
+  38493
     165      ①下2桁の足し算　72+93　をする
```

```
   23472
+  38493
     165
   118        ②百と千の位の2桁の足し算　34+84　をする
```

```
   23472
+  38493
     165
   118
   5          ③万の位の足し算　2+3　をする
```

```
   23472
+  38493
     165
   118
   5
   61965      ④以上3回の結果を足す
```

例2 834 − 324 の計算方法

① 324 = 320 + 4　　324を計算しやすい320と4に分ける
② 834 − 320 = 514　　834から①で分けた一方320を引く
③ 514 − 4 = 510　　②の結果から①で残った4を引く

例3 3725 − 987 のように桁数が増えた場合

① 987 = 900 + 87　　987を900と87に分ける
② 3725 − 900 = 2825　　3725から①で分けた900を引く
③ 2825 − 87 = 2738　　②の結果から①で残った87を引く

例3の別な方法

① 987 = 1000 −13　　987を1000と13に分ける
② 3725 − 1000 = 2725　　3725から①で分けた1000を引く
③ 2725 + 13 = 2738　　②の結果から①で残った13を足す

21 インド式計算法（掛け算・割り算）

全ての数の組合せを考える

インド式計算法は、掛け算に特徴があると言われていて、効果的にも納得できるレベルだと思います。いろいろな方法が考えられていますが、ここでは比較的わかりやすい方法を紹介します。

③インド式掛け算

インド式掛け算のやり方は、全ての数の組み合わせを掛け算するという方法です。説明しにくいので、例を見てください。

例1では2ケタ同士の場合を示しています。“全ての数の組合せ”という意味がわかったでしょうか？ 2ケタ同士なので4通りあります。そして、それぞれ1ケタ同士の掛け算を行い、その結果を位取りに合わせて書いておき、最後にそれらの結果を足せば答えが得られます。

個々での計算は、1ケタの掛け算なので、容易に素早くできることでしょう。むしろ、結果の足し算の方が面倒かもしれません。位取りを間違えないようにすることが、なによりも注意するところです。

例2は、桁数が増えた場合の例です。この方法は、何ケタに増えようが適用できます。ただ、全ての数の組合せ数が多くなるため、それらの結果を足し算するのが難しくなるだけです。

④インド式割り算

インド式計算の割り算は、割り算と掛け算を組合せるところが特徴です。どのような組合せにすると、計算が楽になるかを考えるのが難しく、例3の÷5や例4の÷25などは、容易に組合せがわかるケースと言えるでしょう。組合せが考えられない場合は、どうしましょう？ でも、心配ご無用！ どんな数にでも適用できる方法も考えられています。

例5に具体的な方法を示しますが、引き算のときのように、割る数を計算しやすい数の組合せに分けて行う方法です。このとき、増やしたり減らしたりした分を、それぞれの段階で補正します。

要点BOX

- ●全ての数の組合せを掛け算する
- ●インド式割り算は、割り算と掛け算を組合せる

インド式掛け算と割り算の例

例1　47 × 68　2桁 × 2桁 の計算方法

4×6=24	10の位×10の位=100の位
4×8=　32	10の位×1の位=10の位
7×6=　42	1の位×10の位=10の位
7×8=　　56	1の位×1の位=1の位
3196	以上の結果を足す

例2　568 × 23　3桁 × 2桁 の計算方法

5×2=10	100の位×10の位=1000の位
5×3=　15	100の位×1の位=100の位
6×2=　12	10の位×10の位=100の位
6×3=　　18	10の位×1の位=10の位
8×2=　　16	1の位×10の位=10の位
8×3=　　　24	1の位×1の位=1の位
13064	以上の結果を足す

例3　3860 ÷ 5 の計算方法

① ÷ 5 = ÷ 10 × 2	÷5を計算しやすい÷10と×2に分ける
② 3860 ÷ 10 = 386	3860に①で分けた÷10の計算をする
③ 386 × 2 = 772	②の結果に①で残った×2の計算をする

例4　5865 ÷ 25 の計算方法

① ÷ 25 = ÷ 100 × 4	÷25 を÷100と×4に分ける
② 5865 ÷ 100 = 58.65	5865に①で分けた÷100の計算をする
③ 58.65 × 4 = 234.6	②の結果に①で残った×4の計算をする

例5　876 ÷ 68 を計算する

68を70−2と考える　← ① 68を計算しやすい数に分ける

```
       1
70 ) 876
   − 70    ←1×70
     17
   +  2    ←1×2
    196
```

② 70で通常の割り算をする

③ 多めに引いた分だけ補正する

④ 68で割った本来の残りとなる

```
      12
70 ) 876
   − 70
     17
   +  2
    196
  − 140    ←2×70
     56
   +  4    ←2×2
     60
```

⑤ 196を70で割る

⑥ 多めに引いた分だけ補正する

⑦ 68で割った本来の余り

答え　12　余り60

22 $(A5)^2$の計算

一の位が5の二桁の数の二乗

インド式計算法の巧みな例の代表的なものについて、いくつか紹介しましょう。まずは、一の位が5の二桁の数（つまり5の倍数）の二乗の計算です。言い方を変えると、十の位の数が同じで、一の位の数が5である2数の掛け算の速算術となります。

やり方は簡単です。まず十の位の数と、それに1を足した数を掛け算し、下二桁に25を連結（つなぎ合わせること）するだけです。ここで下二桁は、5の二乗となるので、常に25となるのは当然です。このくらいの計算なら、暗算でもできますよね。

あまりにも簡単なやり方なので、この方法が本当に正しいのか？と不安に思っている読者もいることでしょう。一般式での証明を示しておきますので、確認してください。

また、図形に置き換えて考えるという方法もあるので、問題3を例に示しておきます。どちらの方法にしろ、納得できましたら、安心して使ってみてください。

同様の計算をする別な速算術として、

・2倍して二乗して4で割る

・5で割って二乗して100倍して4で割る

等があるようです。同じ結果を得るにも、速算術にはいろいろとあるんです！　自分に合った（気に入った）方法を採用すればよいでしょう。

これらの場合でも、計算結果の下2桁が25になるということさえ知っていれば、4での割り算は難しくないでしょう。なぜなら、4で割っていくと、二回以内に必ず割る対象の値が一〇〇になるはずだからです。つまり、100÷4＝25が、下二桁になることが確定しているので当然です。

数学的な証明も、そんなに難しくないでしょう。半信半疑な読者にあっては、一般式での証明に挑戦してみてはいかがでしょうか？　もしかすると、その途中で、新たな速算術が発見できるかもしれません。

要点BOX

●速算術は自分に合った方法を使う

●本当に正しい！一の位が5である2つの数の掛け算の速算術

$(A5)^2$の計算例

問題1　$(15)^2$ の計算

十の位の数1と、それに1を足した数を掛ける

$1 \times (1+1) = 1 \times 2 = 2$

一の位の数同士を掛ける

$5 \times 5 = 25$

求めた2つの数を連結する

2　25　→　225　（答え）

$$\begin{array}{r} 15 \\ \times\ 15 \\ \hline 2\,25 \end{array}$$

$1\times(1+1)\rightarrow$ 2 | 25 $\leftarrow 5\times5$

問題2　$(35)^2$ の計算

十の位の数3と、それに1を足した数を掛ける

$3 \times (3+1) = 3 \times 4 = 12$

求めた数と25を連結する

12　25　→　1225　（答え）

$$\begin{array}{r} 35 \\ \times\ 35 \\ \hline 12\,25 \end{array}$$

$3\times(3+1)\rightarrow$ 12 | 25 $\leftarrow 5\times5$

問題3　$(95)^2$ の計算

十の位の数9と、それに1を足したものを掛ける

$9 \times (9+1) = 9 \times 10 = 90$

求めた数と25を連結する

90　25　→　9025　（答え）

$$\begin{array}{r} 95 \\ \times\ 95 \\ \hline 90\,25 \end{array}$$

$9\times(9+1)\rightarrow$ 90 | 25 $\leftarrow 5\times5$

証明

十の位の数をaとすると、

$(a5)^2$は$(10a+5)^2$　と表せます。

展開公式

$(a+b)^2 = a^2 + 2ab + b^2$　から、

$(10a+5)^2$

$=(10a)^2 + 2\cdot10a\cdot5 + 5^2$

$=100a^2 + 100a + 25$

$=100a(a+1) + 25$

となり、百の位はaとa+1を掛け算した値、下二けたは25とすればよいことが証明できました。

$(95)^2$ の図形による置き換え

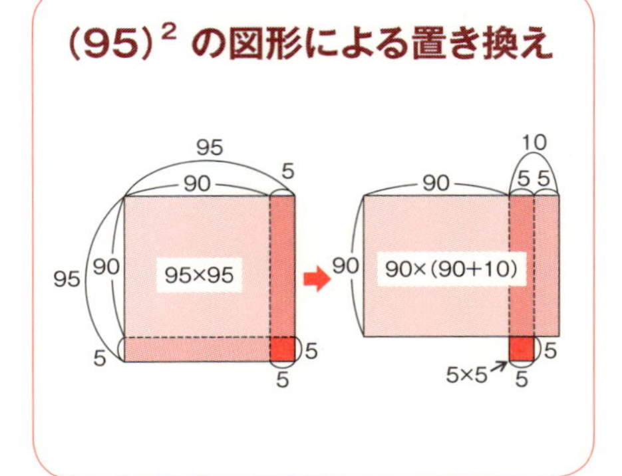

23 AB×ACの計算

十の位が同じで、B+C=10の二桁の数の掛け算

次の巧みな方法は、十の位が同じ数で、一の位の数の和が10という2数の掛け算です。計算の仕方は、前記した二乗と似ています。十の位の数とそれに1を足した数を掛け算し、一の位の数同士を掛け算した数と連結するだけです。一の位の処理だけが、二乗のときと違っています。

問題1では、十の位が1で共通、一の位は3と7で、合わせると10になるという、2つの数の掛け算です。

問題2は、十の位が3で共通、一の位は9と1で、合わせると10になります。この問題では、一の位の数を掛け算した結果が、9と一桁になってしまうため、前に0を補って09として扱うところに注意してください。

問題3は、十の位が9で共通、一の位は8と2なので、合わせると10になります。

この速算術についても、一般式での証明を示しておきます。ここで注目したいのは、括弧を取って整理した式において、一の位の数の和を表している二項目です。この和が10になる数の組合せが前提なので、この部分に10を代入して式を整理すると、なんと前記した二乗の速算術と同じ式になってしまいました。

また、問題3を例に、図形による置き換えについても示します。8×90の長方形を、2×90の長方形の脇の位置に移動した結果、横幅が2+8=10だけ長くなることになり、二乗のときに5+5=10だけ長くなったのと、同様の状態を示していることがわかります。そしてこのことは、十の位の数とそれに1を足した数を掛け算するという部分のことを証明しています。つまり、10だけ長くなったということは、十の位が1増えたことを意味しているのだと気づいてくださいね。

私も、二乗の速算術は知っていましたが、一の位の数を足して10になる範囲にまで適用できるとは知りませんでした。

●まるで手品? 十の位が同じで一の位の合計が10になる2つの数の掛け算

AB × ACの計算例

問題1　13×17の計算

十の位の数1と、それに1を足した数を掛ける

$1 \times (1+1) = 1 \times 2 = 2$

一の位の数同士を掛ける

$3 \times 7 = 21$

求めた2つの数を連結する

2　21　→　221　（答え）

$$\begin{array}{r} 13 \\ \times\ 17 \\ \hline 221 \end{array}$$

$1 \times (1+1) \rightarrow$ 2 ｜ 21 $\leftarrow 3 \times 7$

問題2　39×31の計算

十の位の数3と、それに1を足した数を掛ける

$3 \times (3+1) = 3 \times 4 = 12$

一の位の数同士を掛ける

$9 \times 1 = 9$

求めた2つの数を連結する

12　09　→　1209　（答え）

$$\begin{array}{r} 39 \\ \times\ 31 \\ \hline 1209 \end{array}$$

$3 \times (3+1) \rightarrow$ 12 ｜ 09 $\leftarrow 9 \times 1$

問題3　98×92の計算

十の位の数9と、それに1を足した数を掛ける

$9 \times (9+1) = 9 \times 10 = 90$

一の位の数同士を掛ける

$8 \times 2 = 16$

求めた2つの数を連結する

90　16　→　9016　（答え）

$$\begin{array}{r} 98 \\ \times\ 92 \\ \hline 9016 \end{array}$$

$9 \times (9+1) \rightarrow$ 90 ｜ 16 $\leftarrow 8 \times 2$

証明

十の位の数をa、一の位の数をb、cとすると、

$(10a+b)(10a+c)$

と表せます。

かっこを取って整理すると

$100a^2 + 10a(b+c) + bc$

となります。

ここで、

$b+c=10$なので、

$100a^2 + 100a + bc$

$= 100a(a+1) + bc$

となります。

98×92の図形による置き換え

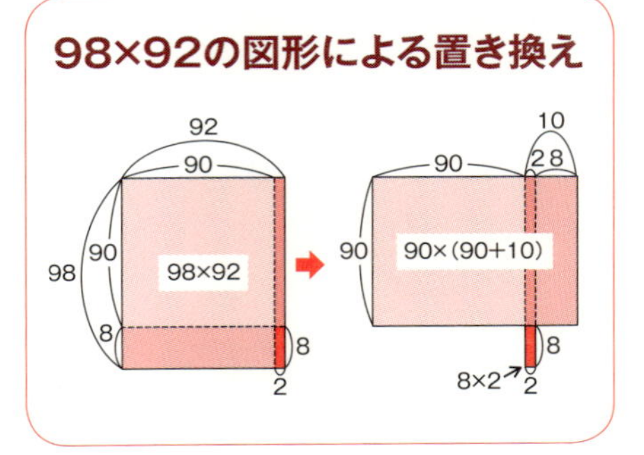

24 AB×CBの計算

一の位が同じで、A+C=10の二桁の数の掛け算

今度は、一の位が同じ数で、十の位の数の和が10となる2数の掛け算の速算術です。

今回のは、これまでの二手法とはチョッと違っています。十の位の数同士を掛け算し、その結果に一の位の数を足し込み、次に一の位の数を二乗した数を連結します。

少しだけ手間が増えますが、計算を早く行うことができます。

問題1では、十の位が2と8で、合わせると10になり、一の位は4で共通という、2つの数の掛け算です。

問題2も同様で、十の位が6と4で、合わせると10になり、一の位は9で共通という、2つの数の掛け算です。

問題3もほぼ同様なのですが、一の位の共通の数が2となっていて、二乗しても一桁の4としかならないため、連結する際には前に0を補って04とするところに注意してください。

この計算法についても、一般式での証明を示しておきます。何とも機械的な処理ですが、すっきりとまとまってしまいました。これが数式の特徴なんですね。

今回も、問題3を例に、図形による置き換えを示してみました。これまでとはくっつけ方が違っていて、一見してわかるというようにはできませんでした。数式と合わせて理解してください。十の位同士の掛け算の結果として得られる百の位の数と、端数による二つの長方形を足し合わせたときの一片の長さが10になるという合わせ技のところが肝ですね。苦労しただけ、数式よりわかりやすいかな?

さて、インド式計算法のなかでも、巧みないくつかの手法を紹介しましたが、どのケースの手法に当たるのかを検討している間に、通常の手計算を始めてしまった方が結果的に早いような気がしてきました。それにしても、インド人はいろいろなことを考えるものですね。

要点BOX

●ここまでいくとかえって面倒? 一の位が同じで十の位の合計が10になる2つの数の掛け算

AB × CBの計算例

問題1　24×84の計算

十の位の数同士を掛けて、それに一の位を足す

$2 \times 8 + 4 = 20$

一の位の数を二乗する

$4 \times 4 = 16$

求めた2つの数を連結する

20　16　→　2016　（答え）

$2\times8+4$ → 20|16 ← 4×4 （24 × 84）

問題2　69×49の計算

十の位の数同士を掛けて、それに一の位を足す

$6 \times 4 + 9 = 33$

一の位の数を二乗する

$9 \times 9 = 81$

求めた2つの数を連結する

33　81　→　3381　（答え）

$6\times4+9$ → 33|81 ← 9×9 （69 × 49）

問題3　92×12の計算

十の位の数同士を掛けて、それに一の位を足す

$9\times1 + 2 = 11$

一の位の数を二乗する

$2\times2 = 4$

（一桁のときは、0を連結して04とする）

求めた2つの数を連結する

11　04　→　1104　（答え）

$9\times1+2$ → 11|04 ← 2×2 （92 × 12）

証明

十の位の数をa、b、

一の位の数をcとすると、

$(10a + b)(10c + b)$

と表せます。

かっこを取って整理すると

$100ac + 10b(a + c) + b^2$

となります。

ここで、$a + c = 10$　なので

$100ac + 100b + b^2$

$= 100 \times (ac + b) + b^2$

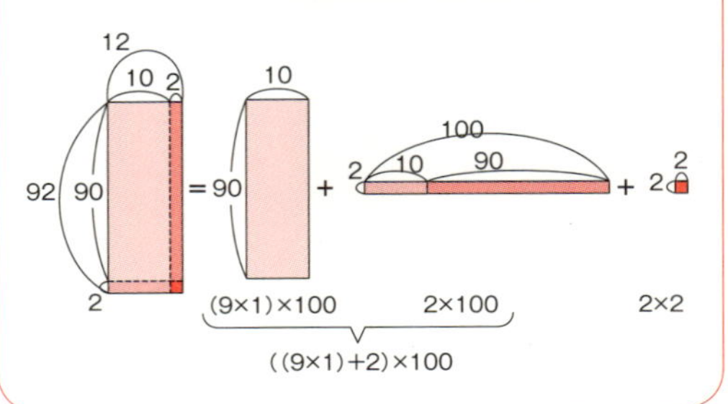

Column

円を描くアルゴリズム

コンピュータグラフィックスのアルゴリズムで面白いものを紹介します。グラフィックスは見映えとスピードが命。円をきれいに、しかも早く描くアルゴリズムです。

円を描くとなれば、円の方程式を変形して、X座標を中心から半径方向へ変化させながら…、という方法を誰もが考えることでしょう。しかし、この方法では、X座標が半径に近づくに従って、点が荒くなってしまうのです。

これを改善したのが〝ブレゼンハムのアルゴリズム〟と呼ばれるものです。二乗やルートのような時間のかかる演算は不要です。しかも、1回の計算結果で8点が描けるという優れものなんです。

チャートを紹介しますので、これ以上詳しく知りたい方は、「ブレゼンハム」で検索してみてください。

円の方程式

$x^2+y^2=r^2$ （rは半径）

これから、y（≧0）に対して、

$y=\sqrt{r^2-x^2}$

となるので、xを0からrまで1ずつ増加させながらyを求める。円の対称性から、1回の計算で4点が描ける。

円の方程式から描いた円

ブレゼンハムで描いた円

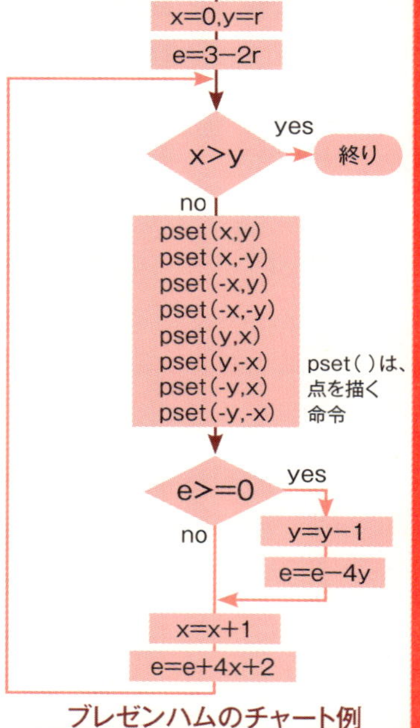

ブレゼンハムのチャート例

第4章

そろそろ
アルゴリズムについて

25 アルゴリズムとプログラムの違い

プログラムの中身はアルゴリズム

だいぶページが進んだところで、「アルゴリズム」についてきちんと説明することにしましょう。

本書では、ここまで〝やり方〟とか〝解き方〟とか〝計算法〟などという言葉を使って、いろいろと紹介してきましたが、実はこれら全てがアルゴリズムを身近な別の言葉で紹介していたのです。

アルゴリズムは「時間の経過に従って、やることを正確に論理的に考えて書き表した処理手順」と考えるとわかりやすいでしょう。また、アルゴリズムを意識すると、思考が効率化され洗練され、実生活の様々な場面で、応用が利くと思われます。

さらに、アルゴリズムと最も関係の深い言葉に、「プログラム」や「プログラミング」があり、これらは切っても切れない関係にあります。「プログラム」と言えば、コンピュータプログラムのように思われますが、落ち着いて考えてください。その「プログラム」にもいろいろな言い方があって、「時間の流れに従って問題を解決するための一連の演算手順が記述されているもの」と言えます。

まず、〝問題を解決するための一連の演算手順〟つまりアルゴリズムを考え、手順が決まったら、それをコンピュータが理解できる言語に書き換える、この作業がプログラミングです。そして、書き上がったものがプログラムなんです。つまり、プログラムの中身はアルゴリズムということです。それぞれの関係が理解できましたでしょうか？

つまり、これら三者のなかで、最も大事な肝が、アルゴリズムであるということです。ということは、アルゴリズムの良し悪しによって、プログラムの良し悪しが決まることになります。また、同じ課題を解決するためにも、アルゴリズムはいろいろと考えられ、目的（科学技術計算用、シミュレーション用、民生用など）や要求（処理時間の長さ、計算精度、必要とする開発期間など）によって選択することになります。

要点BOX

- アルゴリズムは「時間の経過に従って、やることを正確に論理的に考えて書き表した処理手順」
- 「プログラム」や「プログラミング」と深い関係

アルゴリズムとは?

◎コンピュータに計算させるときの「処理手順」のこと
◎広く考えれば、何か物事を行うときの「やり方」のこと
◎「やり方」は時間の経過順に正しく論理的かつ具体的に示す
◎その「やり方」を工夫して、より良いやり方にする
◎１つの課題を解決するアルゴリズムは複数ある

プログラムとは?

◎コンピュータに演算処理させるための命令書のこと
　コンピュータプログラム
◎一般的に、番組、予定、計画、イベントの進行表のこと
　運動会のプログラム
　競技種目と順番を、予定時間を入れて示したもの
　演芸会・卒業式などのプログラム
　　などなど、いろいろあるが……
　時間の流れに従って記述されているところが共通している

プログラミングとは?

◎目的とする課題を解決するための「アルゴリズム」を、コンピュータがわかる言葉で書き換えてプログラムにまとめる作業（コーディングとも言う）のこと
◎プログラミングを職業とする人をプログラマーと呼ぶ

26 アルゴリズムを考えてみよう

価値ある生活のアルゴリズム

それでは、普段の生活など、だれでもがよく知っている行動について、アルゴリズムを考えてみることにしましょう！

その前に、アルゴリズムを考えるときの決まりを表にまとめてみました。ここで大事なことは、時間の経過を追って、論理的に、細かく、正確に、ということです。

では、自販機でジュースを買うときの行動について、アルゴリズムを見つけてみましょう。

最初の1行は、「はじめ」です。

次は、「お金を入れる」

そして、「ジュースを選ぶ」

………

といった具合に、普段行っている自分の行動を思い出して、順番に書き出してみましょう。

書き上がったものを見直すと、「お金を入れる」より「ジュースを選ぶ」の方が先なのでは？とか、終わる前にレバーを回しておつりを取らなければ？とか、勘違いや書き忘れに気がつきます。さらには、そのときの条件によって、次にやることが変わる場合だってあるんだけど、など…。見直すたびに、現実の行動を網羅した内容に仕上がっていきます。

このように、普段の何気なく行っている行動を改めて思い出して、メリットがあるように修正を重ねていくと、納得のいく一定の行動パターンが見えてくることでしょう。これこそが、価値ある生活のアルゴリズムなのです。

今後は、明確となった「アルゴリズム」を意識して行動するように心掛けると、効率的で無駄のないスマートな日常生活が送れるようになりますよ。

とは言っても、毎日のすべての行動が、アルゴリズムによってガチガチに決められていたら、効率的かもしれませんが、つまらない人生になってしまいそうです。ご注意ください！

●時間の経過を追って、論理的に、細かく、正確に
●納得のいく一定の行動パターンが価値ある生活のアルゴリズム

アルゴリズムを考えるときの決まり

◎普段使っている日本語で書いてみよう!
日本語は日本人のための記述言語だから
◎「はじめ」で書き始め「おわり」で終わる
特別な決まりはないが、こうすることにする
◎時間の経過を追って
行動は時間順に行うので時系列に並べる
◎1行には1つの動作のみを箇条書きにする
各処理を細分化し、単純でわかりやすい単位にする
◎各行動は細かく指示する
あいまいな表現はダメ 、誰にでも正しく伝わるように正確に
◎いろいろな書き方(考え方)がある
結果は同じでも、いろいろなやり方(アルゴリズム)がある

課題:自販機でジュースを買う

どれもが
ジュースを買うときの
アルゴリズム

いろいろ
あっても
いいんだよ

必要に応じて、
合ったものを
採用しよう!

はじめ
お金を入れる
買いたいジュースを選ぶ
ジュースのボタンを押す
ジュースを取り出す
おわり

まずは、書いてみよう!

はじめ
買いたいジュースを選ぶ
お金を入れる
ジュース のボタンを押す
ジュースを取り出す
おつりレバーをまわす
おつりを取り出す
おわり

誤りや漏れを修正

はじめ
買いたいジュースを選ぶ
　気に入ったのがないのでやめる
お金を入れる
ジュースのボタンを押す
ジュースを取り出す
おつりがあるときは
　おつりレバーをまわす
　おつりを取り出す
おわり

さらに、条件によって
行動が変わる場合

27 ある朝の出来事！

自分だけのアルゴリズムを見つける

今度は、「朝起きてから家を出るまで」の行動について、あなただけのアルゴリズムを見つけてみましょう！

まずは、朝起きてから、何をしているのかを思い出して、箇条書きにしてみましょう。この段階では、時間の経過などにこだわらず、どんどん思いつくままに書いていきましょう。できれば、小さく切った紙に、1件1枚の要領で書くと、次の作業がやりやすくなります。行動の箇条書きが出尽くしたら、それらを時間の経過順に並べましょう。

曜日によって違う行動をするとか、そのときの気分によって行動が複数に変わる場合には、それぞれの行動を記した紙の上に、条件文を書いた一枚を乗せて、束ねたものを並べます。季節や天気によっても、行動が変わるかもしれませんね！

並べ替えが落ち着いたら、それらを1枚の紙に順を追って書き移します。当然、「はじめ」から書き始めます。条件文の終わりには「?」をつけておくと、条件であることが明確になってわかりやすいでしょう。また、条件の結果によって変わる個々の行動は、少し字下げ（インデントと言う）して書くとわかりやすくなります。

一通り書き上がったところでアルゴリズムの全体を眺め、いつもこのようにやっているだろうか？　昨日と今日は何が違っていただろうか？　明日はどうだろうか？など、間違いや漏れがないかを点検し、見直しましょう。

以上で、あなたの行動パターンが、アルゴリズムとして明確なものになりました。

いかがでしょうか？　学校へ通っていたり、会社勤めをしている場合には、規則性があるために比較的書き表しやすいと思います。しかし、自由人や退職後の第二の人生を送っている方々には、難問だったかもしれませんね。

- 「はじめ」から書き始め、条件文の終わりには「?」を付けておく
- 自分の行動パターンをアルゴリズムにしてみる

アルゴリズムのまとめ方

小さな紙に1件1枚で書く
時間の経過にこだわらず
思いつくままに書き尽くす

条件によって行動が変わる場合
個々に書き分ける
条件も1枚に書いて重ねる

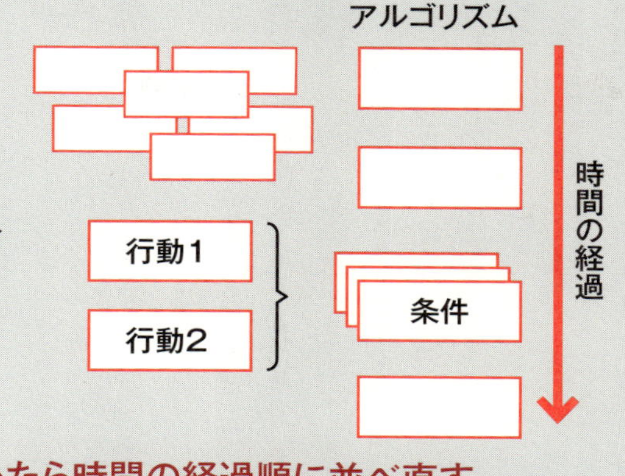

書き尽くしたと思ったら時間の経過順に並べ直す

課題

朝起きてから家を出るまで

はじめ
寝てる
目が覚める
時計を見る
7時過ぎか？
　前なら、まだ早いので、また寝る
　そうなら、起きる
顔を洗う
歯を磨く
テレビの天気予報を見る
雨か？
　大雨：カッパを着る
　小雨：傘を持つ
　その他：帽子をかぶる
出かける
おわり

条件によって、行動が分かれる（7時過ぎか？）

条件によって、行動が分かれる（雨か？）

いろいろな天気の日にも使えそう

28 もし、自分がロボットだったら

アルゴリズムに従ったプログラムで動く

ロボットについては、すでにご存じの通りで、いまさら説明を必要としないと思います。そのロボットは、プログラムとして教えられたアルゴリズムに従って動いています。このことも、十分に承知されていることと思います。

それでは、もし自分がロボットだとしたら、どんなプログラムで動いているのでしょう?そして、そのアルゴリズムは、どうなっているのでしょうか?

ではここで、実験してみましょう!教室の前方の左側に机があって、その上にペットボトルが乗っています。教室の右側にある出入口からスタートして、ペットボトルを持って帰るまでの行動を、時間の経過に従って書いてみることにします。容易に想像できる行動なので、さっと書き上がることでしょう。

では、書き上がったところで、自分がそのアルゴリズムに従ったプログラムで動くことになったとしたら、期待通りの動きをすることができるでしょうか?という視点で見直してみてください。

おっと、「前へ進む」と言われても、どこまで進めばいいのだろう?「右を向く」と言われても、どのくらい向けばいいのだろう?…などと、命令があいまいなことに気がつくことでしょう。人間なら、適当に判断するところでしょうが、プログラム通りにしか動けないロボットとしては、このままでは困ってしまいます。

「前へ進む」については、実際に誰かに歩いてもらって、歩数を決めたらどうでしょうか?歩数が示されれば、その通りに動けば良いので困らないでしょう。ということで、男の子に実際に歩いてもらって、その時の歩数を追加することにします。「右を向く」については、方向を変える程度を角度で示すことにします。このように追加修正したアルゴリズムによるプログラムなら、ロボットも間違いなく動いて、ペットボトルを持って帰ってくるはずです。

●ロボットはプログラムとして教えられたアルゴリズムに従って動く
●あいまいな命令では動けない

ロボットのアルゴリズムを考える

課題

スタート位置から反対側の机の上にあるペットボトルを取って元に戻るアルゴリズム

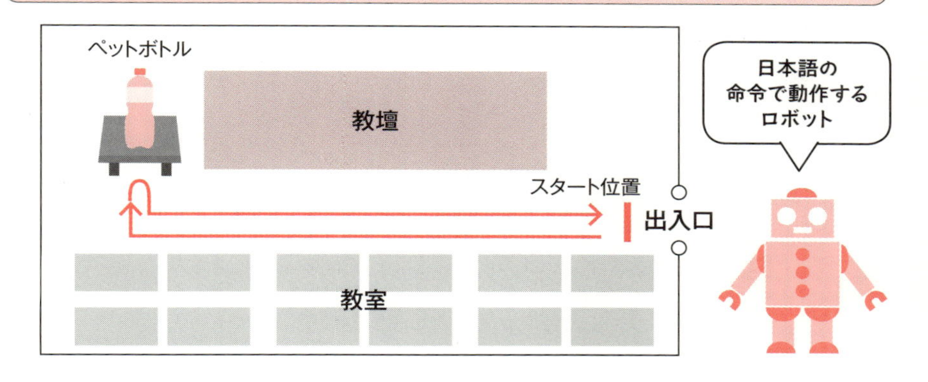

時間の経過に従った行動と注意点

はじめ
まず、前へ進む
　　どこまで？ 歩数で表す
次に、右を向く
　　今回は、右90度回転とする
机の前まで進む
　　ここも歩数で表す
ペットボトルを取る
後ろを向く
　　ここでは、180度回転とする
前に居た位置まで戻る
　　ここも歩数で表す
左を向く
　　ここでは、左90度回転とする
前へ進む
　　どこまで？ 歩数で表す
スタート位置まで戻ったら、
後ろを向く
おわり

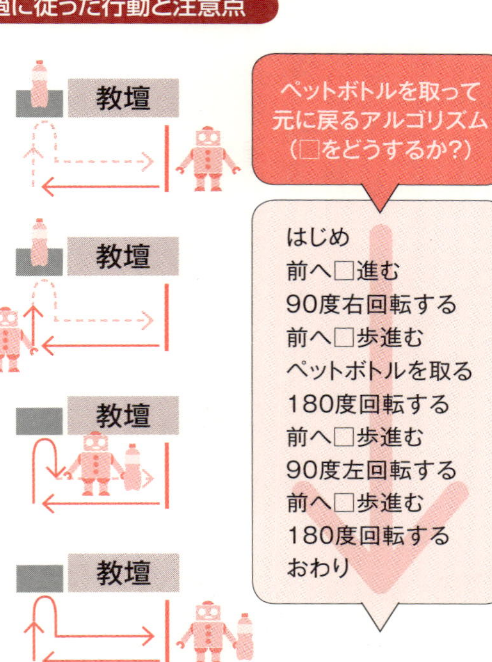

29 実験してみよう！

あいまいさの少ないアルゴリズムとは

では、できあがったプログラムを、試してみることにしましょう。プログラムは、アルゴリズムの内容をコンピュータが理解できる言語や命令に置き換えたものです。この実験でのコンピュータとはロボットのことで、ここでは、そのロボットは私達としているので、日本語のプログラムで動きます。そのため、アルゴリズムの内容を特別な言語や命令に置き換えなくても理解できるので、ここではアルゴリズムがそのままプログラムとして使えることになります。

まずは、男の子にやってもらいましょう。では、スタート！予想通り、ペットボトルを持って帰ってきました。今度は女の子にロボットになってもらって、プログラム通りに動いてもらいましょう。さて、どうでしょう！おや？ロボットはペットボトルのある机にまで辿り着けずに、教壇の段につまずいて転んでしまいました。なぜでしょう？

それは、男の子に比べて女の子の歩幅が短かったためです。女の子は、男の子の歩数では机の位置まで行き着くことができず、少し手前で右に回転して前へ進んだため、教壇の段につまずいてしまったというわけです。

プログラマの間で流通している格言に、『プログラムは思った通りに動かない、書いた通りに動くのだ！』というのがあるそうですが、不完全なアルゴリズムに基づいて書かれたプログラムだったために、思い通りに動けなかったのだと思います。

この場合にも、人によって歩幅が違う「歩数」という単位を用いて距離を表したところが問題でした。距離情報を、誰にでも正確に伝えるためには、何メートルという単位を用いて表せば、誰にでも共通しているので、正しく伝わったと思います。回転動作の角度は、誰にでも共通しているのでよいのですが、回転方向までを指示すれば、さらにあいまいさの少ないアルゴリズムとなるでしょう。

- 実験するとうまくいかないことがわかる
- 不完全なアルゴリズムでは思い通りに動けない

あいまいな部分を明確にする

修正前	修正後
はじめ	はじめ
前へ20歩進む	前へ10m進む
90度右回転する	右90度回転する
前へ4歩進む	前へ2m進む
ペットボトルを取る	ペットボトルを取る
180度回転する	180度右回転する
前へ4歩進む	前へ2m進む
90度左回転する	左90度回転する
前へ20歩進む	前へ10m進む
180度回転する	180度右回転する
おわり	おわり

だれにでも同じ内容として伝わることが必要

回転方向を明確に

歩数をmに

誰もが使えるアルゴリズムにするには…

目的を達成するために、やることを箇条書きにする

普段使っている言葉（自然言語と言う）で書く

多くの場合、冗長であいまいになる傾向がある

→書いた人以外にはわかりにくい

多くの人に共通する内容にする

→みんなに共通した単位で表す

別な方法はないかと検討する

→1つの課題に対してアルゴリズムは複数ある

もっとも目的に合った方法を選択して実行する

→時間が短くてすむ

→手間が少なくてすむ

→費用が安くすむ…

30 ある上司からの指示

必要な情報を漏れなく正しく伝える

職場で、上司から上図のように口頭で指示を受けた部下が、キョトンとしています。なぜでしょうか？

それは「急いで朝の会議の準備を」と言われても、何時から開催される会議なのかわからないため、どれくらい急げば良いのか見当がつかないのです。また「この資料を見えるようにコピー」と言われても、〝見えるように〟の意味があいまいです。コピーするにしても、会議の参加者数が不明です。名札を作るためには、参加委員名簿が必要です。お茶とは、熱い緑茶でしょうか？ペットボトルのお茶でしょうか？もしかしてコーヒーを意味しているのでしょうか？何年も一緒にいる部下なら、それなりに理解して対応できるのかもしれませんが、たまたま頼まれた部下や新入社員だったら、これだけの情報ではとても準備などできません。

会社の総務や営業などの部署では「説明はパワポでやるから」と言われただけで、マイクの必要性も含めて、何を用意すればよいのか見当がつきますが、部署によっては通じないかもしれません。

アルゴリズムを箇条書きする場合でも、指示をわかりやすくすることが大切です。そのための工夫として、下図のように、指示内容を空行で区切って分かち書きし、同レベルの内容を字下げによって表すと効果的です。たとえば、会議室に大きさや目的別にいくつかの種類があって、選択する必要がある場合には、それらを同レベルに字下げして揃えるとわかりやすいでしょう。ここで、コの字形式のテーブル配置とか、スクール形式の配置とか言われても、チンプンカンプンの人がいるかもしれませんね。でも、この辺は、ビジネスマナーとして知っておきましょう。

このように、部下に指示をして何かをやってもらうアルゴリズムには、必要な情報を漏れなく正しく伝えることが必要です。もし、結果が期待したのもでなかった場合には、指示の仕方が悪かったのだと自分を責めるべきです。決して部下を叱ってはいけません。

要点BOX

- 指示を誰にでもわかりやすくする
- アルゴリズムには「必要な情報を漏れなく正しく伝える」ことが必要

アルゴリズムがあいまいな指示

アルゴリズムがわかりやすい指示

9時30分から会議をやりたいので…

会議室（委員10人）を確保する
　中会議室の場合には、コの字形式の配列とし、
　　抜けている一辺にスクリーンを
　　コの字の中にプロジェクターとパソコンを配置する

　小会議室の場合には、スクール形式の配列とし
　　前方にスクリーンを
　　1列目のテーブル中央にプロジェクター とパソコンを配置する

　資料のパワポ原稿が投影されることを確認しておくこと

マイクは
　委員長席に固定マイク1本、
　他にワイヤレスマイクを2本用意し、司会者席に置いておく
　各マイク はあらかじめ音量調節などをしておく

配布資料は
　B5版の資料原稿をA4版に拡大コピー して
　10組用意する

名札は
　資料中にある参加委員名簿から名札用に印刷し、
　名札立てにセットして、
　名簿順にテーブルに並べる

お茶は
　ペットボトルのお茶を委員分用意し、
　各席の名札の脇に、資料と共に並べる

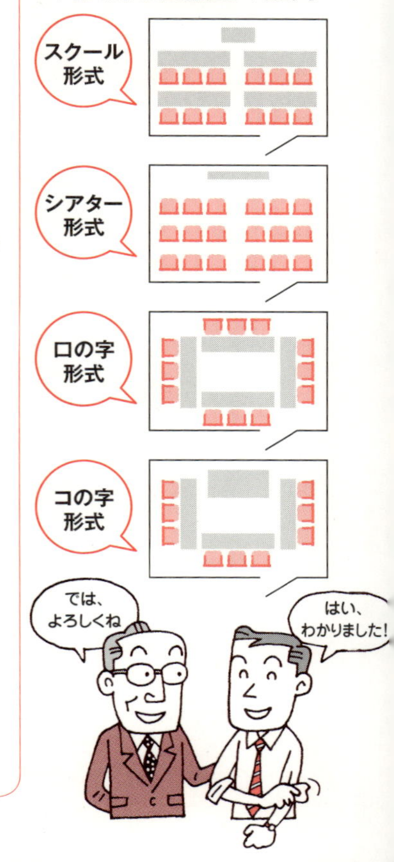

Column

メモリに関するアルゴリズム（スタックとキュー）

コンピュータにはメモリICが使われていて、プログラムやデータを書き込んだり読み出したり（アクセスするという）しています。メモリICには、アドレスという記憶場所を特定するための入力信号があって、これによってIC内を任意にアクセスすることが可能になるのです。

そのメモリに、コンピュータがアクセスする際の特別なアルゴリズムには、代表的な二通りがあります。

一つ目は、後に書き込んだデータから先に読み出すというもので、スタック（または、LIFO：ライフォ）と呼ばれます。現在実行中の処理を中断して、別の処理（割り込み処理など）に一時移る際に、元の処理に戻ってきて処理が継続できるように、必要な途中経過データなどを保存するのに使われます。

もう一つは、先に書き込んだデータから先に読み出すというもので、キューとかFIFO（ファイフォ）と呼ばれます。ワードなどで印刷処理する場合、印刷データをキューに書き込んでおくと、プリンタの空き状況に応じて早く書き込んだ順にデータを取り出して印刷してくれます。

メモリICの動作

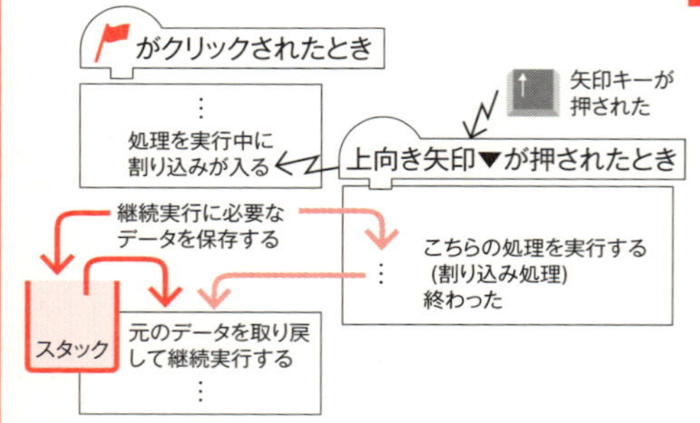

矢印キーが押されたときの処理にスタックが活躍

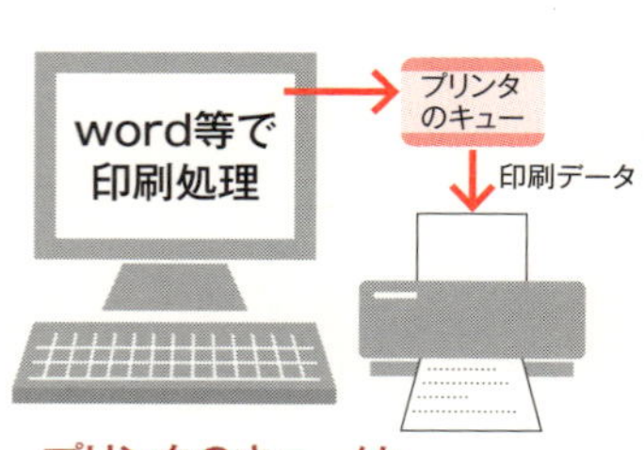

プリンタのキューは
プリンタバッファとも呼ばれる

第5章

アルゴリズムの見える化

31 アルゴリズムにはパターンがある

五つの処理パターン

アルゴリズムをいくつか書いてみると、何か似たようなパターンの組合せによって構成されていることに気がつきませんか？

たとえば、前に紹介した「朝起きてから家を出るまで」を見直してみましょう。「目が覚める」「時計を見る」とか、「顔を洗う」「歯を磨く」などは、行う順番に意味がある処理で、このようなパターンを〝順次処理〟と呼びます。

一方で、「時計を見る」から始まる4行は、「7時過ぎか?」という質問に対する答えによって、次に行う行動が異なるというパターンで、〝分岐処理〟と呼びます。

質問に対する回答の「前なら、まだ早いので、また寝る」は、質問に対するNoの答えで、「また寝る」の行動、つまり「目が覚める」までに遡って繰り返すことになります。このような繰り返しパターンを〝反復処理〟と呼びます。

「天気予報を見る」「雨か?」で始まる数行も分岐処理です。ただ、この場合の分岐は、前記した「7時過ぎか?」の答えのように、Yes/Noという判断で二つに分かれる(二分岐)タイプではなく、「大雨」「小雨」「その他」の3つ、あるいはそれ以上に分かれる多分岐というタイプになります。

「反復処理」にも二種類あって、繰り返す回数が始めから決まっているタイプと、前記した「前なら、まだ早いので、また寝る」のように、やってみなければわからない繰り返しのタイプがあります。

このように、アルゴリズムの中身を順に見ていくと、「順次処理」、二種類の「分岐処理」、二種類の「反復処理」の計5パターンの組み合わせによって構成されていることがわかります。

これからは、この5パターンを意識して、アルゴリズムを考えるようにしましょう。

要点BOX

●アルゴリズムは「順次処理」、二種類の「分岐処理」、二種類の「反復処理」の計5パターンの組合せで構成されている

行動パターンを整理してみる

「朝起きてから家を出るまで」に含まれているパターン

条件が成立するまで繰り返すパターン

条件の成立の仕方によって、行う処理が異なるパターン

はじめ
寝てる
目が覚める
時計を見る
7時過ぎか?
　前なら、まだ早いので、また寝る
　そうなら、起きる
顔を洗う
歯を磨く
テレビの天気予報を見る
雨か?
　大雨：カッパを着る
　小雨：傘を持つ
　その他：帽子をかぶる
出かける
おわり

アルゴリズムの5パターン

◎順次処理（逐次処理）
　パターン①：時間の経過に従って、順番に処理を進める

◎分岐処理（条件判断処理）
　処理を進める途中で、何らかの条件によって、
　　その後の処理内容が異なるパターン
　パターン②：成立／不成立で2つに分かれる
　パターン③：いろいろなケースで複数に分かれる

◎反復処理（繰り返し処理）
　同じ処理を複数回繰り返すパターン
　パターン④：決められた回数だけ繰り返す
　パターン⑤：条件が成立するまで繰り返す
　　　　　　（永久に繰り返すパターンを含む）

32 チャートで表すとパターンがわかりやすい

フローチャートと図記号

これまでは、アルゴリズムを普段使っている言葉（日本語）で箇条書きしてきました。短いアルゴリズムなら、努力すればなんとか理解できるでしょうが、少し長くなったり複雑になってくると、文章では急にわかりにくくなります。特に、他人が書いたものは、余計に難解になると思われます。それを解決する手段としては、チャート（図表）を導入して〝見える化〟するのが有効です。

チャートには、いろいろな特徴や流儀によって、たくさんの種類があります。本書では、一般的に多く用いられている〝フローチャート（流れ図）〟を採用することにしました。

フローチャートでは、図に示すような図記号を、矢印でつないで表します。フローチャートには、もっと多くの図記号がありますが、ここでは最小限に絞りました。まずは、「はじめ」と「おわり」を示すための「端子」と呼ばれる記号があります。一番多く使われるのが「処理」を表す四角の記号です。そして、分岐処理や繰り返し処理の4パターンに使用する「判断」を表すひし形があります。これらの記号を矢印で結んで、処理の流れを表します。

アルゴリズムには、繰り返しがあったり、条件によって別々のことを行ったりするため、これを文章だけで表現するには複雑すぎて、理解しにくい面が多々あります。それをフローチャートで表すと、構造的に処理の流れを表すことができるため、一目でその全貌が見渡せるようになるのです。

このように、フローチャートは複雑なプロセスやアルゴリズムの設計などにおいて、どこで、何が、どのような順番で行われているのかを視覚化できるため、処理の流れを理解するのを助けます。さらには、間違いや改善すべき問題点などを発見しやすくなるといったメリットもあります。

●フローチャートでパターンを“見える化”できる
●視覚化すれば改善点も発見しやすい

チャートとは

◎処理の流れを記号を用いて表した図表のこと
◎いろいろな種類のチャートがある
◎ここでは“フローチャート”を採用する

プログラムの内容をチャートにすると

◎5パターンに対応したチャートがある
◎アルゴリズムを構造的に表現できる
◎処理の流れがわかりやすくなる
◎自然言語のようなあいまいさがほとんどない
◎アルゴリズムの間違いが発見しやすくなる
◎ほかの人に説明する場合にも便利

チャートの記号（一部）

端子　はじめとおわりを表す

処理　いろいろな処理を表す

判断　条件による分岐を表す

矢印　処理の流れを表す
（上から下への場合には矢羽を省略できる）

33 順に処理を進めるパターン

順次処理

　では、アルゴリズムの五つのパターンについて、順に見ていくことにしましょう！

　まずは、順次処理です。これは、あらためて説明するまでもなく、処理を時間の経過順に縦に並べたもので、もっとも一般的な処理の流れと言えます。

　この程度であれば、文章で箇条書きしたものと変わらないでしょう。チャートでは、図の上から下へ向かって時間が経過すると考えます。したがって、先にやる処理から順に次の処理、そしてその次の処理へと、上から下へ向かって並べていきます。そして、それらの処理を矢印でつなぎます。

　このパターンでは、処理の方向が変わることがないので、一つの矢で複数の処理を串刺しにしてもよいです。この場合、途中の処理は線でつながれるだけで矢羽はつかないことになります。

　この順次処理パターンのアルゴリズムは、決まりきった手順や、変化する余地のない流れの処理になり、順番にこそ意味がある処理と言えるでしょう。神社などにお参りに行ったときの一連のしぐさは、まさにこのパターンです。この順番を間違えたり、抜かしたりすると、御利益を受け損なうかもしれませんので、ご注意ください。

　また、細かい手順などは別途示すとして、まずは全体の処理の流れをおおざっぱに示すような場合も、このようなパターンになるでしょう。

　また、具体的な処理内容は知らなくてもよいようなパッケージアプリを、どのような場面で、どのような順に使用するかなどを示す場合も、このパターンとなります。

　チャートはシンプルでわかりやすいものになりますが、処理内容そのものは、それなりに高度となる場合が多いと言えるかもしれません。

　どの箱も同じような大きさのため、それぞれの処理時間がわからないのが難点と言えるでしょう。

●順次処理は処理を時間の経過順に縦に並べたもの
●全体の流れを示すシンプルなパターン

順次処理

- 上から順に時間の経過に従って、下の処理を実行する
- もっとも一般的な処理手順
- 矢印はなくてもよい（線だけ）

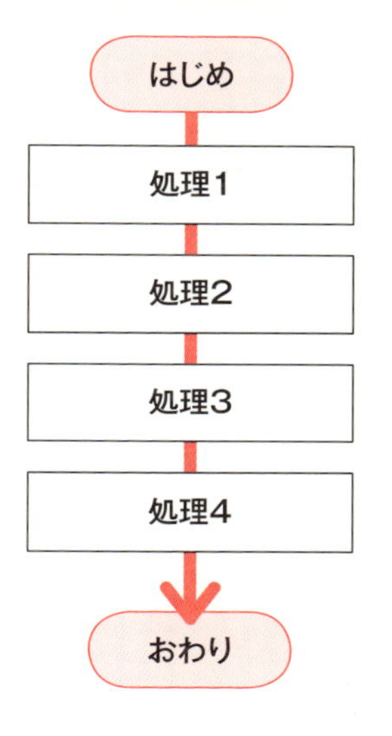

神社の参拝の仕方（順次処理の例）

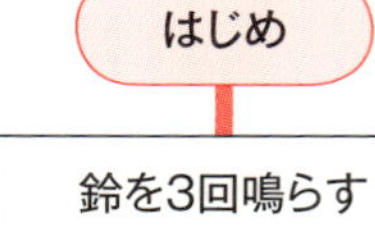

鈴を3回鳴らす	神を呼び、邪霊を退けるため
賽銭を入れる	投げないで静かに
2回深くおじぎする	90度になるぐらい
2回手を打つ	ゆっくり大きな動きで
願い事をする	願い事を祈る
1回深くおじぎする	その後、右回りで神前を下がる

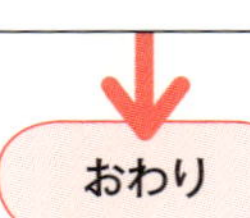

34 二つに分かれるパターン

二分岐処理

　条件による判断が、YesかNoのどちらかになるような判断処理を、二分岐処理と言います。そして、条件によって二つに分岐した後、両方で異なる処理を行う場合と、どちらか一方にしか処理がない場合とがあります。

　どちらか一方だけ処理を行う場合で、条件が成立したときだけ処理する例として、「給料日にはステーキを食べる」なんてのがあります。この場合の条件としては、もちろん〝今日は給料日ですか?〟となるでしょう。給料日でない日には、何を食べるのでしょうか? 何も食べないわけはないので、そう考えると両方で違ったメニューの食事があるというアルゴリズムに変えた方がよさそうな例でしたね。

　条件が不成立のときだけ処理をする例としては、一週間の行動などはどうでしょうか? つまり、条件としては「今日は土日ですか?」とすれば、Noのウィークデーのときには通勤して、Yesのときには何もしないでのんびりするといったわけです。定年すると、毎日が日曜日ですけどね!

　両方に異なる処理をする例としては、部屋の温度を一定に保つための、電気ストーブの制御アルゴリズムなどがわかりやすいでしょう。条件としては、部屋の温度になります。部屋の温度が設定値を越えたかどうか?で、電気ストーブのヒーターをONしたりOFFしたりします。もちろん、設定温度より部屋の温度が下がったらヒーターON、上がったらヒーターOFFの制御(ON／OFF制御)となります。

　しかし現実には、このような単純な制御を行っているのは、安物の電気ポットくらいでしょう。今日の家電製品には、必ずと言ってよいくらいにマイコンが内蔵されていて、細かなアルゴリズムに従った制御が行われています。

　ということで、二分岐は比較的単純な分岐処理に用いられています。

要点BOX
- 二分岐処理はYesかNoになるような判断処理
- 代表例はON／OFF制御

二分岐処理①成立／不成立の場合のみ処理がある

例 給料日にはステーキを食べる

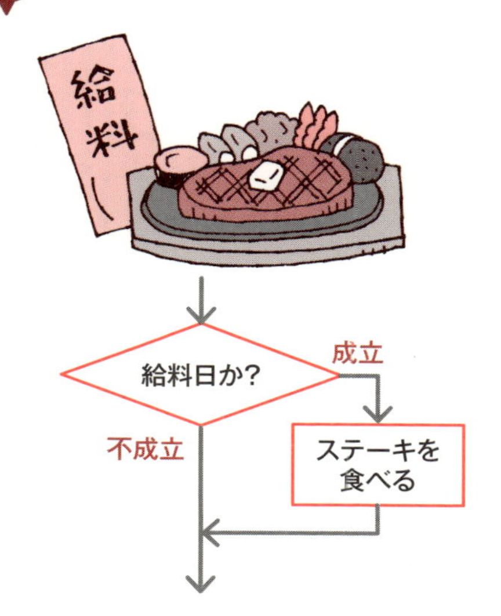

例 土日でなければ出勤する

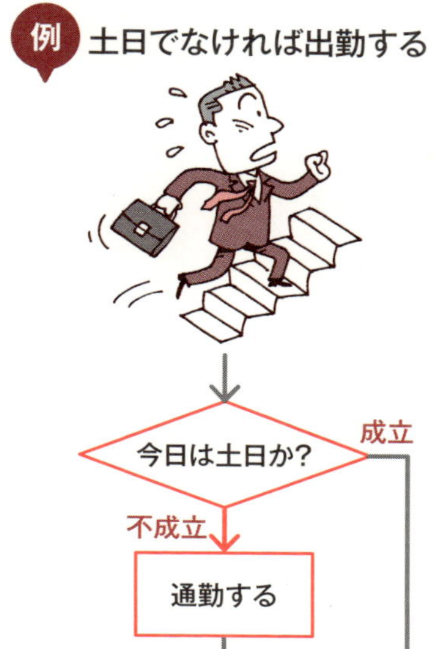

二分岐処理②成立／不成立のそれぞれに処理がある

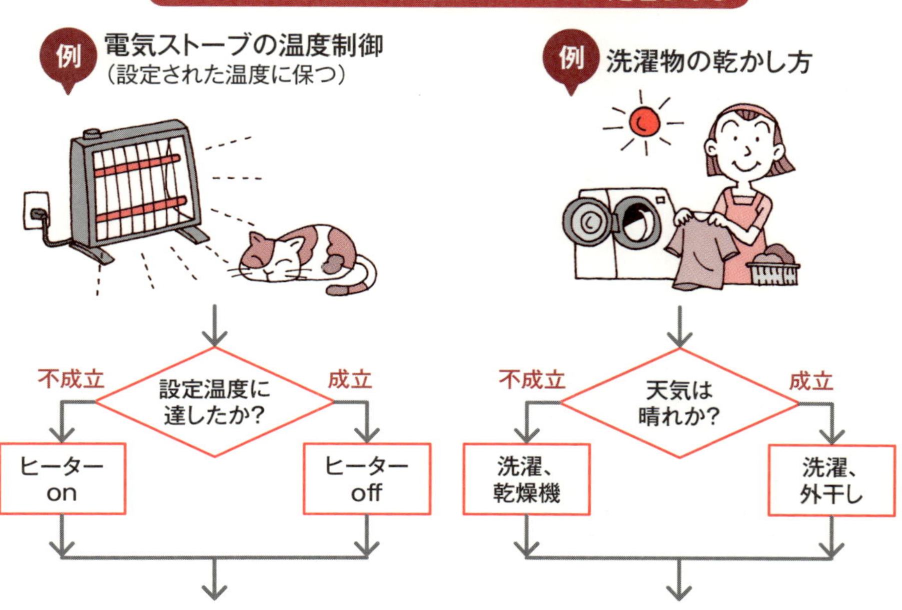

35 三つ以上に分かれるパターン

多分岐処理

一つの条件によって、三つ以上に分かれる場合の処理を多分岐処理と言います。この場合の条件の判断としては、Yes／Noではなく、具体的な値となります。たとえば、運動会の徒競走の場合には、〝1位〟とか〝2位〟とか…という順位が値になります。天気を条件とした場合には、〝晴れ〟とか〝曇り〟とか〝雨〟とかが値になります。

この多分岐で注意することは、条件による判断の値が無数にある場合で、すべての値に対する処理を書き並べることなど不可能です。実際にも、それらのいくつかしか必要としていないのが一般的でしょう。たとえば、「あなたの好きな色な何色ですか?」という条件に対する判断の値は、いろいろな色が該当するため、いくら多分岐処理とはいえ対応できません。そのため、想定外の値に対しては、「その他」という値を用意しておき、想定した値以外のすべてに対応させることが必須になります。

判断条件が複数組み合わさって複雑な場合には、二分岐を組み合わせて、結果として多分岐にする場合もあります。たとえば、二分岐処理で紹介した電気ストーブのヒーター制御では、部屋の温度が設定温度より下がると、ヒーターをフルパワーでONするため、部屋の温度が急上昇し、設定温度を越えた部屋の温度は、ヒーターをOFFしたとしても、直ちに上昇が止まらず、設定温度を大きく超えてから徐々に下降し始めることでしょう。

ところが、二分岐を二段重ねにして多分岐制御にすると、部屋の温度が設定温度より下がった場合でも、二段目の二分岐で、その下がり具合の程度によって、ヒーターの発熱を二段階に分けています。ちょっと下がった程度では、ヒーターを50%の発熱にするため、部屋の温度は急上昇とはならず、結果として部屋の温度変化が少なくなり、快適な生活が行えることになります。

●多分岐処理は一つの条件によって三つ以上に分かれる場合の処理
●想定外は「その他」という値にする

条件判断によって、複数のケースに 分岐する場合

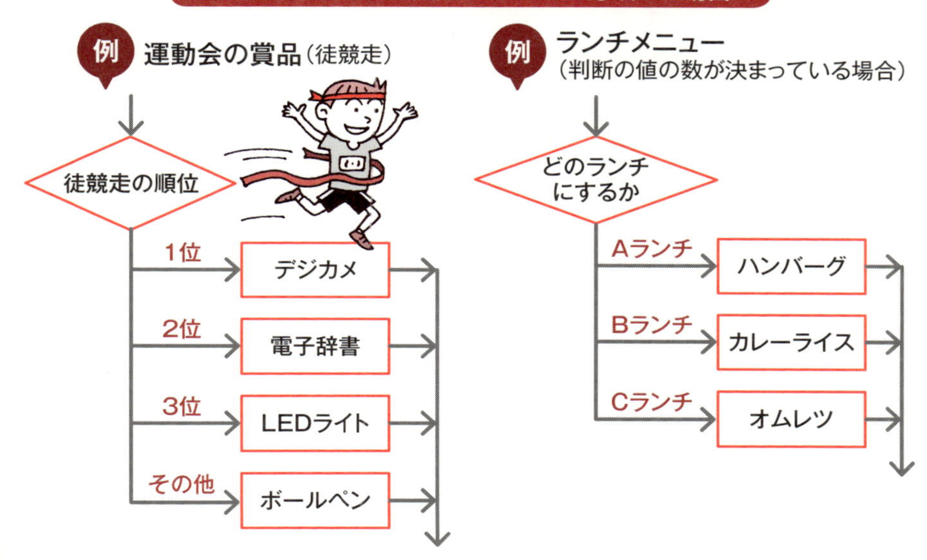

二分岐処理を組み合わせて多分岐処理を表すこともできる

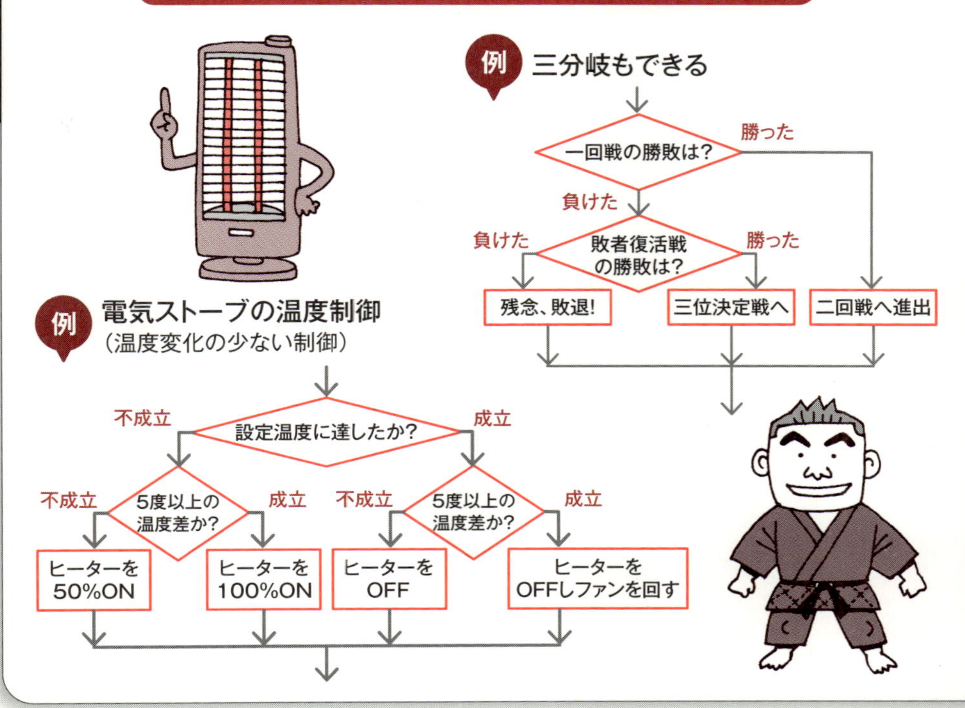

36 決まった回数だけ繰り返すパターン

反復処理1

繰り返すという処理も、普段の行動の中に多くあります。文章で書いていると気がつきませんが、チャートにすると繰り返していることを発見することがあります。この繰り返し処理は、二通りに分けることができて、一つは繰り返す回数が始めからわかっているパターン、二つ目はやってみなければわからないというパターンです。

まずは、やる前から繰り返す回数が決まっているパターンを取り上げます。このパターンでは、処理を行う前に、まず回数のチェックをします。（処理を行った後で回数のチェックを行うパターンも可能です。）設定回数に達していなければ処理を行い、設定回数に達していたら反復処理をやめて、次の処理へと流れを進めます。

このような繰り返しパターンの処理はいくらでもあって、例に事欠きませんが、たとえば腕立て伏せの運動などはイメージしやすいでしょう。やる前に回数を決めて、それから運動します。このとき多くの人は、1、2、3…と数えあげていって10回いったときに終わりとしますが、コンピュータは逆です。

ここで、脱線して、コンピュータの条件判断の仕組みについて紹介しましょう。

実は、コンピュータの行える判断機能には、処理した結果が正か？　負か？　ゼロか？　の三通りしかありません。そのため…3、2、1とカウントダウンして、ゼロになったときに繰り返しが終わったと判断するのが適しています。

そこで繰り返し処理をもう少し詳しく示すと、下左図のようなチャートになります。点線の処理が二つ増えています。上の処理では、決められた回数を設定し、最後の処理では、設定回数をカウントダウンしています。この演算処理の結果を判断して、ゼロとなったときに、繰り返しを中止します。

要点BOX

- ●繰り返すしくみを処理にしたパターン
- ●回数のチェック（判断）で次の処理に移る

決まった数だけ繰り返すパターンチャート

例 腕立てを10回繰り返す

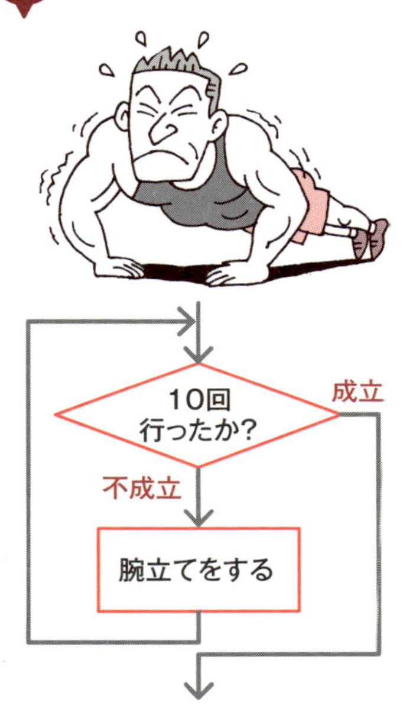

例 電話連絡を3件する
（不在の場合は留守電とする）

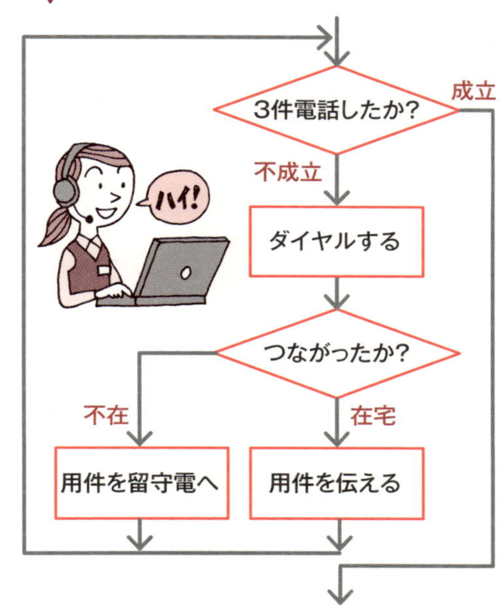

コンピュータ内部での繰り返し判断処理

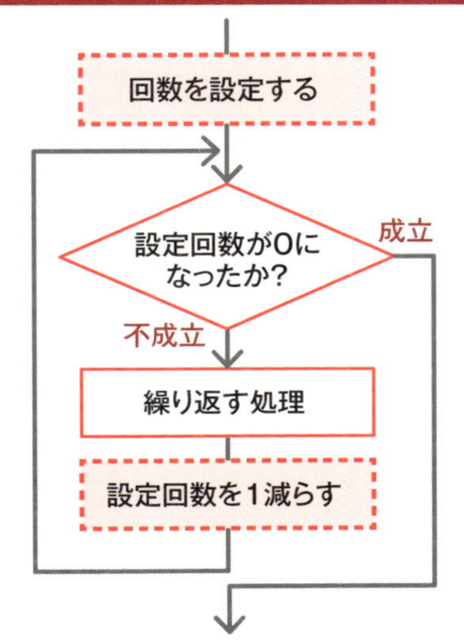

コンピュータができる判断の種類

37 やってみなければわからないパターン

反復処理2

二つ目の繰り返し処理のパターンは、やってみないことには繰り返す必要があるのかどうか、わからないという処理です。そんな場合には、まず1回処理してみて、その結果で繰り返すかどうかの条件判断をすることになります。たとえば、信号待ちで信号が青になるまで信号を繰り返し見るとか、UFOキャッチャーで欲しいものが取れるまでやり続けるとか、一升瓶が空になるまで飲み続ける、などなど身の回りに結構あるパターンです。

ここで気をつけなければならないことは、条件判断のやり方を間違わないということです。青信号を待つとき、もし歩行者用の押しボタン式信号機の場合には、ボタンを押さない限りいくら待っていても青になりません。UFOキャッチャーでは取れっこないもの（どれも取れるはず?）を狙ってはダメです。一升瓶を空にする前に酔いつぶれてしまったのでは、繰り返しどころではありません。

このように、何回繰り返しても終わらないという処理パターンを永久ループと言います。条件判断のやり方を間違えるという人的なミスによっても、永久に繰り返すという間違ったアルゴリズムになってしまいます。

間違っていない永久ループのアルゴリズムもあります。たとえば車のエンジン制御ですが、今ではほとんどがコンピュータ制御になっています。燃料と空気を混ぜてピストンに吸い込み、点火爆発させて、排気ガスをピストンから追い出すという一連の処理を、電源が切られるまで繰り返します。お湯を沸かす電気ポットも、湯を沸騰させた後は、電源が切られるまで、一定の温度に保つという制御を続けています。

そもそも反復処理に使われている条件判断そのものは二分岐ですが、その後の処理の流れが前へ遡ると、「繰り返しパターン」になります。永久ループの場合には、条件判断はなく、常に無条件ジャンプによって前へ遡ることになります。

要点BOX

●繰り返すかどうかを判断条件にするパターン
●何回繰り返しても終わらない処理パターンを永久ループと言う

①条件判断が成立するまで繰り返す場合

例 信号機のある道路を渡る（信号が青になるまで待つ）

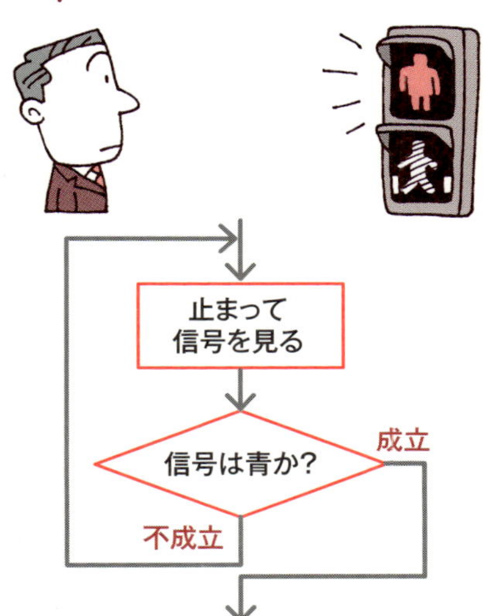

例 食器洗いの手順

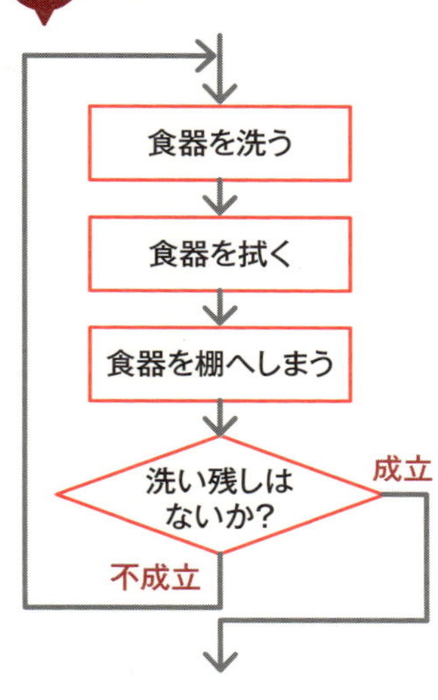

①条件判断が成立するまで繰り返す場合

例 車のエンジン制御（電源を切るまで処理し続ける）

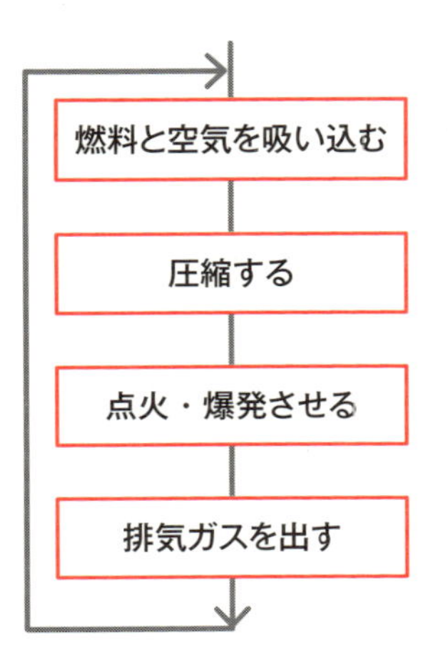

例 電気ポットの制御（二分岐を処理し続ける）

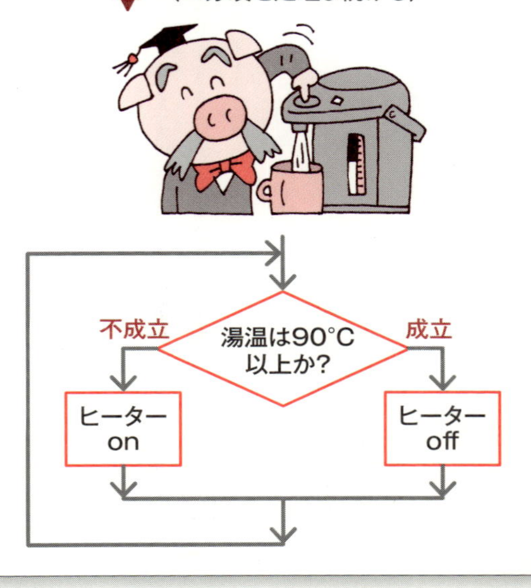

38 具体例：自販機でジュースを買うチャート

パターンの組合せ

それでは、前に考えた自販機でジュースを買うときのアルゴリズムで、五つのパターンがどのように組み合わさって使われているのかを確認してみましょう。最初に考えたアルゴリズムは、いたって簡単なものなので、時間の経過に従って、処理が並んでいるという順次処理のチャートになります（67ページの図参照）。

しかし、見直したり修正したアルゴリズムでは、条件判断や反復処理が含まれています。買いたいジュースを選ぶ行動では、条件が成立した場合にのみ処理するという二分岐パターンのチャートで表すことができます。そして、おつりを確認する条件判断にも、この例では条件が成立した場合にのみ処理する二分岐パターンを採用しています。

もしここで、『おつりがあったら、もう一本買う』だった場合には、やってみなければわからないという反復処理Ⅱパターンのチャートになります。結果として、何本買うかは、入れたお金の金額と、買ったジュースの価格によって決まることになるでしょう。

さらに、何度も登場している「朝起きてから家を出るまで」の行動についても、チャートで表してみましょう。7時になるまで起きないというのは、時計を見てみなければわからないという反復処理Ⅱパターンで表されます。繰り返し行う処理が複数になっていますが、〝時計を見る〟とその結果による条件判断が、この反復処理のキーとなる部分です。

また、天気予報を見て雨対策を変更する部分は、多分岐のパターンで表せます。この場合のキーとなる部分は、〝その他〟の選択肢を用意しておくことでしたね。これがないと、雨以外の曇りや晴れなどの場合に、アルゴリズムの行き先がなくなり、処理の行き先がなくなってしまいます。コンピュータの場合には、実行時エラーとなって処理を中断するか、わけのわからないところへ勝手に処理が進んでしまう、いわゆる「暴走状態」になってしまうことでしょう。

要点BOX

- ●実際の生活パターンをチャートにするとパターンの組合せが必要になる
- ●処理の行き場のない暴走状態に注意

「自販機でジュースを買う」の修正したアルゴリズム

はじめ
買いたいジュースを選ぶ
　気に入ったのがないのでやめる
お金を入れる
ジュースのボタンを押す
ジュースを取り出す
おつりがある時は
　おつりレバーをまわす
おつりを取り出す
おわり

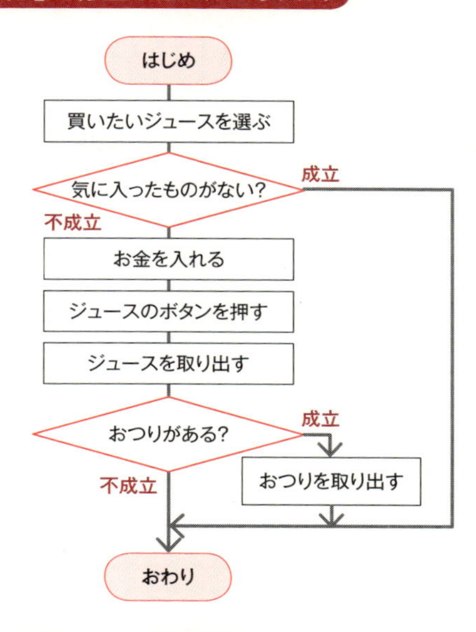

「朝起きてから家を出るまで」のチャート化

いろいろなパターンが
組み合わさってできている

はじめ
寝てる
目が覚める
時計を見る
7時過ぎか?
　前なら、まだ早いので、また寝る
　そうなら、起きる
顔を洗う
歯を磨く
テレビの天気予報を見る
雨か?
　大雨：カッパを着る
　小雨：傘を持つ
　その他：帽子をかぶる
出かける
おわり

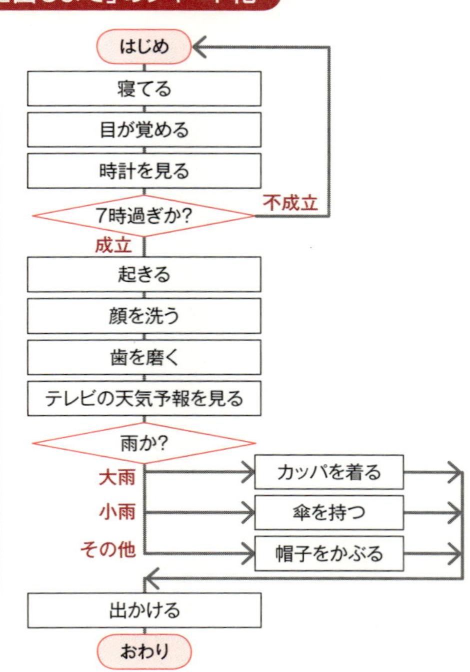

39 具体例：うどんの作り方チャート

チャート化の利点

もう一つ、処理がわかりやすくなるというチャートの利用例を紹介しましょう。それは、料理のレシピをチャートで表した場合です。ここでは、うどんの作り方を取り上げてみましょう。

レシピには、一般的に時間の経過を追って箇条書きで書かれています。このこと自体には問題ないのですが、このままでは、それぞれの処理に要する時間の長さや、条件によって、異なった処理を行うところが、わかりにくくありませんか？ そこで、図のようにチャートで表してみました。

どうでしょう、一目瞭然でわかりやすくなったと思いませんか？ 水の加え方と打ち粉をして伸ばす処理には、やってみなければわからない反復処理Ⅱパターンを、足で踏む処理は回数の決まっている反復処理Ⅰパターンを、そして気温によって寝かす時間を変える処理には、二分岐処理パターンを、それぞれ適用してチャートに表しています。

このように表した方が、断然わかりやすいと思うのですが、それは私がチャートに慣れているせいだからでしょうか？ ちなみに、これまでのところ、料理の本で、チャートを採用してレシピの書かれているものを見たことがありません。なぜやらないのでしょうかね？ 料理研究家がアルゴリズムを学んで、このことに気がつけば、レシピ本の書き方が変わるかもしれませんね。

さらに進んで、チャートを理解して自動で料理を作ってくれるロボットなども登場するかもしれませんよ！ なにせ、時間の経過を追って処理手順を示したアルゴリズムは、コンピュータやロボットへの指示に向いていることは言うまでもありません。

詳細な処理手順をアルゴリズムで指定すると、それに従って調理してくれるような新しい調理装置で、自分好みの食事が食べられるようになるのも、間近ですよ。きっと！

要点BOX
- ●チャートで表した方が一目瞭然でわかりやすくなる
- ●アルゴリズムは自動化に適している

「うどんの作り方(4人分)」レシピ

◎ボールに中力粉(400g)を入れる
◎塩(大さじ1)を加えて、よく混ぜる
◎水(180cc)を少ずつ加えて、よくこねる
◎丸めてビニール袋へ入れる
◎10分寝かす
◎生地をまとめながら、5回ほど足でよく踏む
◎30分寝かす(冬場(25℃以下)は2時間)
◎直径が50cmになるまで、打ち粉をして伸ばす
◎たたんで、3〜4mm幅に切る

「うどんの作り方」のチャート化

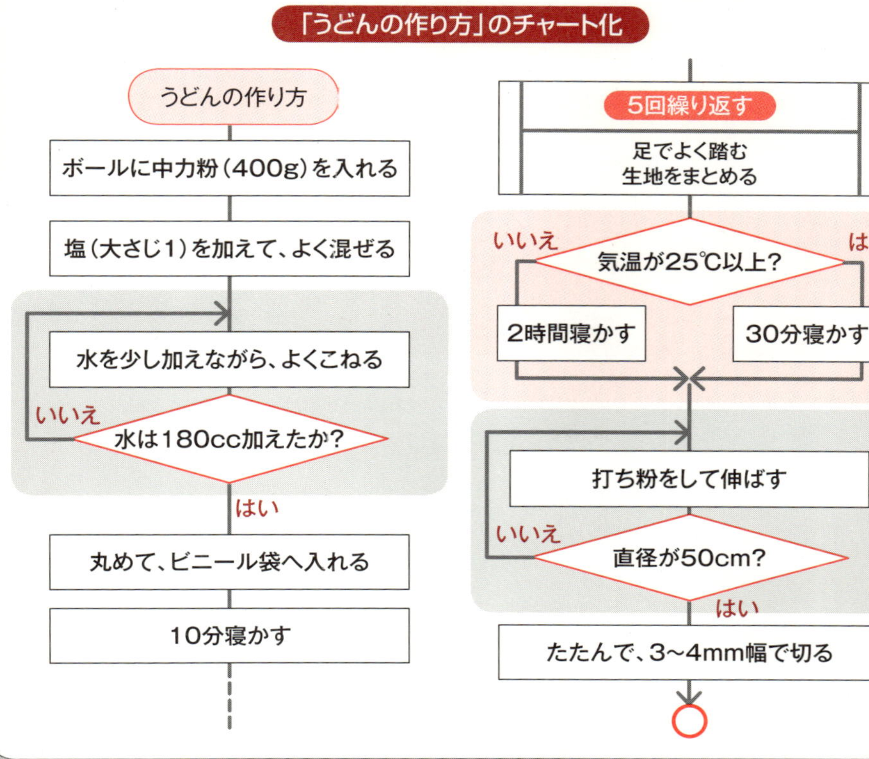

Column

複数のスプライトが同時に動くわけ

第8章で紹介するScratchのスクリプトでは、「緑の旗」の開始ブロックがスプライト毎にあります。場合によっては、一つのスプライトに「緑の旗」の開始ブロックを持つ複数のスクリプトがあったりして、全体でいったいいくつの「緑の旗」で開始するブロックがあるのでしょうか？

その数はどうでもよいとしても、ステージの右上の「緑の旗」をクリックしたとき、どの開始ブロックから処理が始まるのでしょうか？ 複数ある開始ブロックは、どのように扱われるのでしょうか？

本当の方式は知りませんが、一般的な知識としてマルチタスク、しかも時分割多重方式かと思われます。簡単に説明すると、短い一定時間間隔でスクリプトを切替えて、あたかも全てが同時に処理されているかのように見せているのです。そのため、スクリプトの数をべらぼうに多くすると、個々のスプライトの動作が遅くなり、カタカタと不自然な動きになると推察されます。

最近のパソコンには高性能なプロセッサ（コンピュータの心臓部）が複数個入ったものもあることから、必ずしもこの方式ではないかもしれません。しかし、いずれにしても一つのプロセッサが、複数個のスクリプトを受け持っていることだけは間違いないでしょう。となったら、何らかのアルゴリズムで複数のスクリプトを切替えることによって対処していることになります。

さて、実際の方式はどうなのでしょうか？ 興味のある方は、〝タスク管理〟などを勉強して下さい。

スクリプトが多数
（どれもが「緑の旗」をクリックすると動作を開始しているように見える） 
がクリックされた時
処理中
この間は処理停止
（ただし、十分に短時間だと、止まって見えない）
プロセッサ
時間の経過
時分割多重方式

第6章 事務計算のアルゴリズムを考える

40 機械計算機から電子計算機へ

計算をする機械の進歩

計算を能率良く速く行いたいとする要望は、人間が〝数〟を扱うようになってから、絶えず求められていたようです。

計算しながら数表を印刷することを目的とするバベージの「階差機関」（1822）、掛算は加算の繰り返し、割算は減算の繰り返しで計算するライプニッツの「四則演算機」（1694）、歯車の組合せで加・減算のできるパスカル計算機「パスカリーヌ」（1642）、スコットランド人のネイピアが発明した掛け算や割り算などを簡単に行うための道具「ネイピアの骨」（1617）、などなど……。

さらには、ピタゴラスが板の上に砂をまいて、その上に数字を書いて筆算したという紀元前に至るまで、話が続いてしまいます。しかし、これらは棒を押したり、歯車を回したりといった、力学機械計算機と呼ばれています。

日本では大正時代に大本寅治郎により「タイガー計算器」（計算機ではなく計算器、1923）が発明され、1970年まで販売されていました。どこかの倉庫の片隅に、今でも残っているかもしれませんよ。

力学機械的な部分を含まない最初の電子計算機としては、1946年に米国ペンシルバニア大学のモークリ（Mauchly）とエッカート（Echert）によって発明されたENIAC（Electronic Numerical Integrator And Colculator）とされてきました。しかし、1942年にアイオワ州立大学のアタナソフ（Atanasoff）とベリー（Berry）によってABC（Atanasoff - Berry Computer）が作られていたことがわかりました。しかし、ABCは未完のまま開発が中断されたため、このことは長く世に知られることがなかったようです。

エッカートとモークリーが申請していたENIACの特許権は、紛争の結果1973年にABCが〝先に創られた工芸品〟であると判定され、それによってENIACの特許権は無効になったようです。

●速く計算するために生まれた計算機
●世界最初の電子計算機はABC

初期の電子計算機

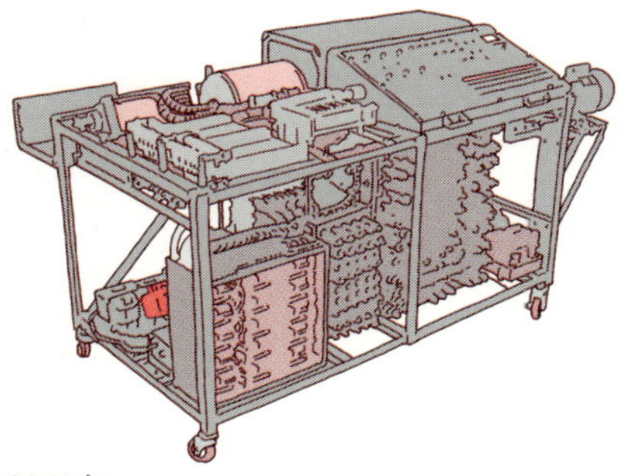

1942年
ABC（Atanasoff-Berry Computer）
真空管約300本、重量320kg以上、やや大きめの机程度

1946年
ENIAC
（Electronic Numerical Integrator and Calculator）
真空管18,800本、消費電力130kW、重量30t、24馬力の冷房装置を必要とし、100畳の部屋を占領する

機械計算機の発展

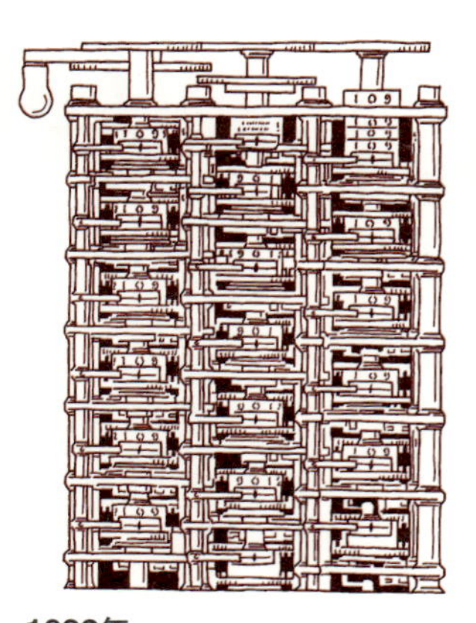

1822年
バベージの階差機関
幅2.1m、奥行0.9m、高さ2.4m

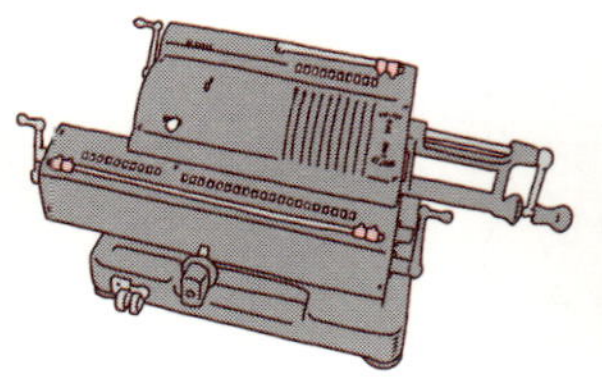

1923年
大本寅治郎のタイガー計算器
幅42cm,奥行19cm,
高さ14.5cm

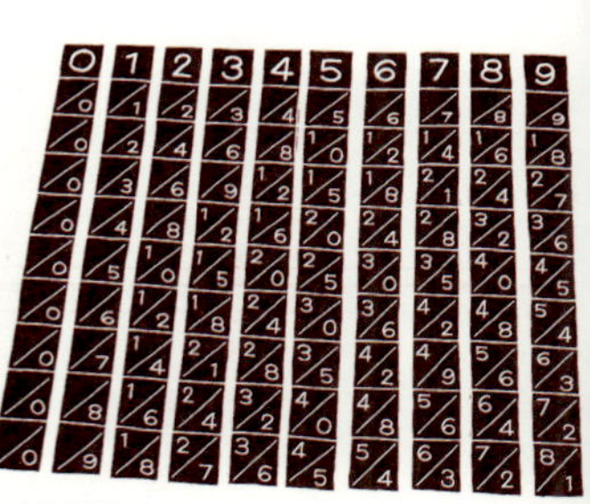

1617年
ネイピアの骨（算木）
各棒に掛算九九が書かれている

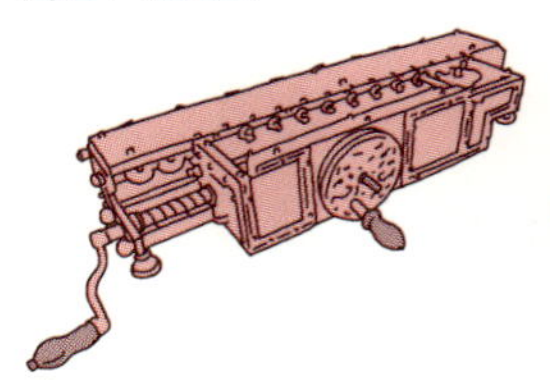

1694年
ライプニッツの四則計算機
幅80cm、奥行30cm、
高さ15cm

1642年
パスカルの車輪式足し算機
幅72cm、奥行59cm、
高さ61cm

41 事務処理システムでのアルゴリズム

定型的処理の組合せ

コンピュータ（電子計算機）の本格的な導入は、1960年代の初期のころで、銀行や大企業において手作業で行われていたデータ処理を機械化することが目的でした。

対象になった主な業務としては、人事システム（給与や年末調整などの計算）、販売システム（売上計算、請求書発行、売掛金管理など）、経理システム（会計処理や固定資産の計算）などがあります。このような全社的な大量データを定例的に処理するシステムのことを基幹業務系（本書ではわかりやすく事務処理）システムと言います。

事務処理システムは、企業の活動に重要な部分を支援するため、安定したシステムであることが求められます。そのため、一度完成されたシステムは長期に渡ってそのまま使われ続ける傾向があります。

当時のコンピュータは汎用大型コンピュータと呼ばれ、空調の効いた専用の大きな部屋に鎮座していました。その構成は、図のような〝コンピュータの五大機能〟で表され、それぞれの装置は、タンスか大型冷蔵庫のような大きさでした。

処理操作の実務は、オペレータという専門家に依頼して行われていました。コンソール（操作端末）は、オペレータが操作してコンピュータに直接指示を与えるための装置です。このようなコンピュータの活用をEDPS（Electronic Data Processing System）と言い、コンピュータの最も得意とする大量データの定型的処理をシステム化したものでした。

そのため、処理する内容にも定型的なものが多く、それらはいくつかの既存の処理の組合せによってできています。その代表的なものに、並べ替え（ソート）、検索（サーチ）、混ぜ合せ（マージ）、突合せ（マッチング）があります。どのデータに対して、どの処理をどのような順番で行うかが、この場合のアルゴリズムなのです。

要点BOX

- ●コンピュータが最初に導入されたのは事務計算
- ●事務処理には定型的処理が多い

事務処理システムの変遷

◎コンピュータ処理は事務計算への導入から始まった

ーオフィス業務の改革（EDPS：electronic data processing system）

ー記録、整理、照合、集計、作表という種類の事務や統計などの処理

◎処理の種類

ー会計業務や経理業務

ー営業や各種の管理業務

ー整数を中心とした計算処理（お金の計算が主のため誤差が許されない）

◎その後の発展

ーグラフィックス表示機器の登場

ー通信回線を経由した遠隔地の装置との接続

ー規模の拡大、処理内容も多様に

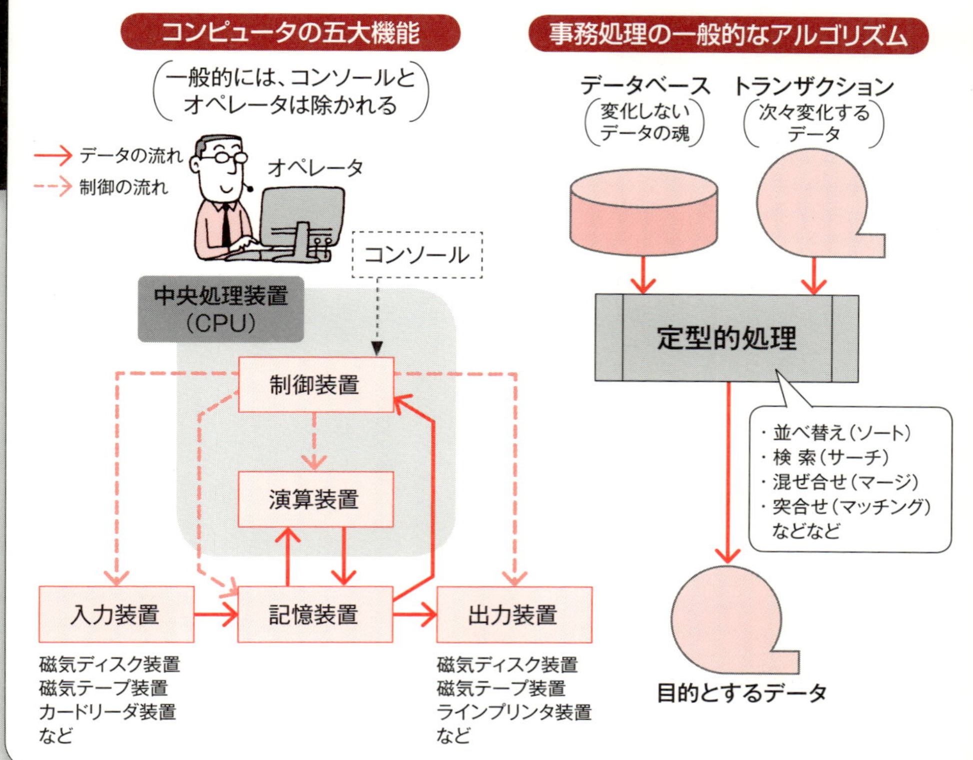

42 要領よく並べ替えるアルゴリズム

ソート

事務処理を行うための定番処理の一つ目として、データの順序を並べ替える処理があり、"ソート"といいます。ソートには、昇順と降順があって、昇順とは、数値の小さいものから大きいものへ、降順とは逆で、大きなものから小さなものへ並べ替えることです。ソートのアルゴリズムは多数あるので、代表的ないくつかを紹介しましょう。図のような5個のデータ（93504）を昇順ソートする事例で説明します。

最初は、わかりやすいアルゴリズムから始めましょう。まず一番左のデータに注目し、右側のデータから順に比較を繰り返し、小さなデータと出会ったら入れ替えます。右端のデータまで比較が済んだら一番左のデータが最小値として確定です。注目するデータ位置を右隣りへ一つずらして、同様の比較と入替の処理を行うと、二番目に小さいデータが確定します。これを4個目のデータまで繰り返して、処理終了です。五番目は、最大のデータとして自動的に確定します。

次は、左端から隣り合う2個ずつのデータの比較を繰り返し、常に左側が小さなデータとなるように入れ替えるというアルゴリズムです。右端のデータとの比較まで済んだ段階で、右端のデータが最大値として確定します。この処理過程で、大きいデータが次々と右側に移っていく様子が、コップの中の泡が上に登ってくるのと似ているので、バブルソートと呼ばれます。右端から降順にデータが確定していきますが、最終的には、左からの昇順となります。

最後は、クイックソートと呼ばれていて、処理が早いという特徴を持つアルゴリズムです。並び順で中央付近のデータに着目し、そのデータより小さなデータを左側に、大きなデータを右側にと分けます。そして、分かれたそれぞれについて、また中央付近のデータに着目し、データを左右に分けます。この処理を分かれたデータが1個になるまで繰り返すと、あら不思議、昇順にソートされていました。

要点BOX
- ●"ソート"はデータの順序を並べ替える処理
- ●処理が早いという特徴を持つクイックソート

最も単純な方法（昇順）

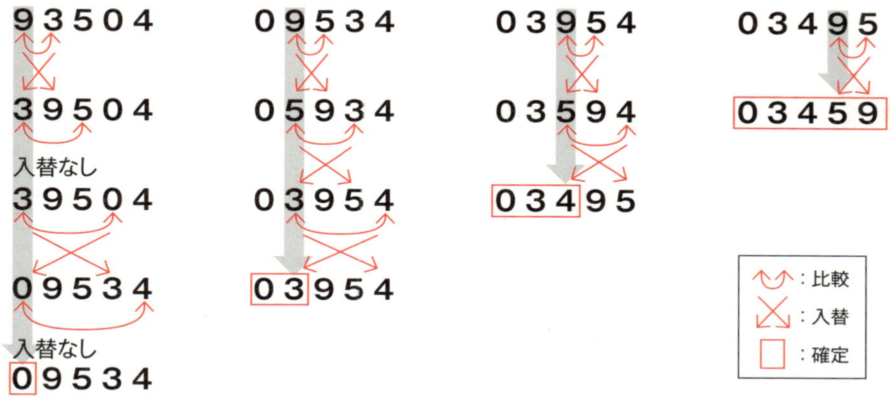

93504
39504
入替なし
39504
09534
入替なし
09534

09534
05934
03954
03954

03954
03594
03495

03495
03459

：比較
：入替
：確定

バブルソート（昇順）

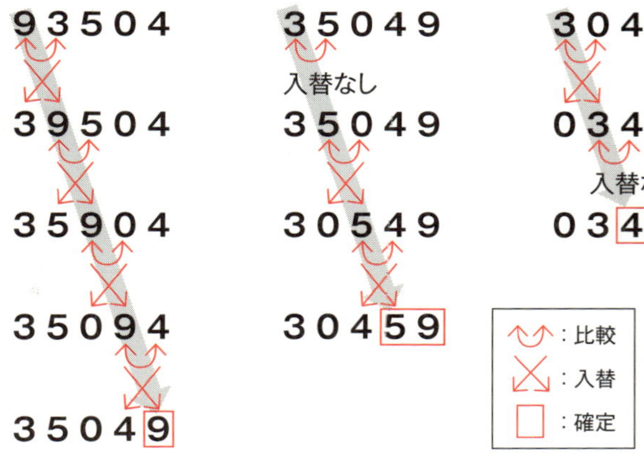

93504
39504
35904
35094
35049

35049
入替なし
35049
30549
30459

30459
03459
入替なし
03459

03459
入替なし
03459

：比較
：入替
：確定

データの並びを横から見ると大きいデータから順に泡のように浮き上がってくる

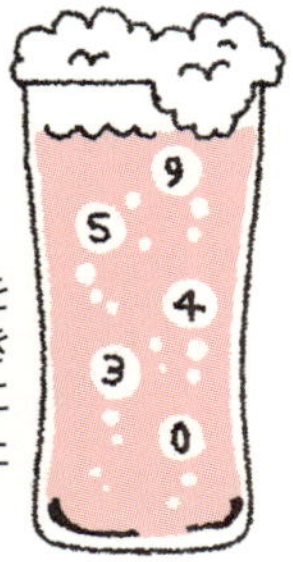

クイックソート（昇順）

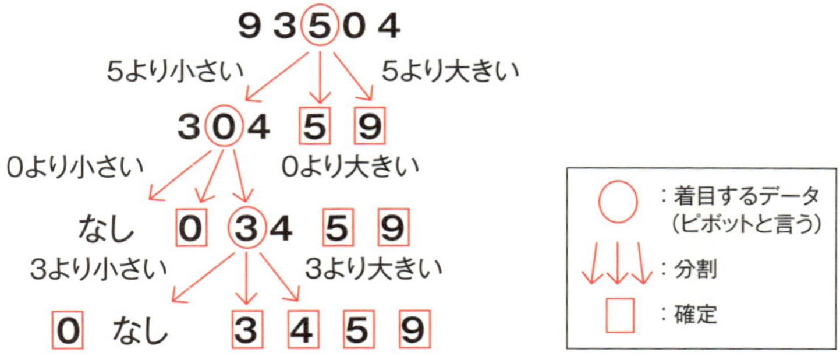

93504
5より小さい　5より大きい
304 5 9
0より小さい　0より大きい
なし 0 34 5 9
3より小さい　3より大きい
0 なし 3 4 5 9

：着目するデータ（ピボットと言う）
：分割
：確定

43 素早く探しだす

サーチ

　データ並びの中から、特定のデータを探し出す処理を〝サーチ〟と言います。ここでは、どんなデータがどのように並んでいるのか全くわからないという場合に有効なシーケンシャルサーチ（線形探索）と、データが何かのルールに従って順番に並んでいる場合に効率良く探し出すバイナリサーチ（二分探索）について紹介します。

　シーケンシャルサーチでは、データ並びの先頭から順に比較を行い、それが見つかれば終了という、いたって単純でわかりやすいアルゴリズムです。そのため、最悪のケースでは、最後のデータまで辿り着いてやっと見つかることだってあります。しかし、どのような種類のデータ並びであっても、特に制約なしに処理することができるでしょう。

　バイナリサーチの対象とするデータ並びは、あらかじめソートされていることが前提です。したがって、なんらかの大小比較ができないデータ並びには適用できません。

　身近な例として、辞書で単語を引く場合を考えましょう。英語の辞書や国語の辞書では、単語が〝ABC～〟や〝あいう～〟の順に並んでいます。そのため、単語の最初の1文字目はそのタブを使うことができますが、その次（2文字目以降）からはどうしましょう？バイナリサーチは、こんなときに有効なのです。

　そのやり方は、第一文字目のタブのだいたい真中をエイヤッ！と開きます。そして、調べたい単語がそこより前にあれば、そこより前の部分の、後ろにあれば後ろの部分のだいたい半分を、またエイヤッ！と開きます。このやり方を、調べたい単語が見つかるまで繰り返して、徐々に範囲を狭くしていくのです。

　ただし、このアルゴリズムは、データがあらかじめ何らかの順にソートされていて、かつ同一のデータは複数存在しないということが前提です。

要点BOX

- “サーチ”は特定のデータを探し出す処理
- シーケンシャルサーチとバイナリサーチなどがある

シーケンシャルサーチのフロー例

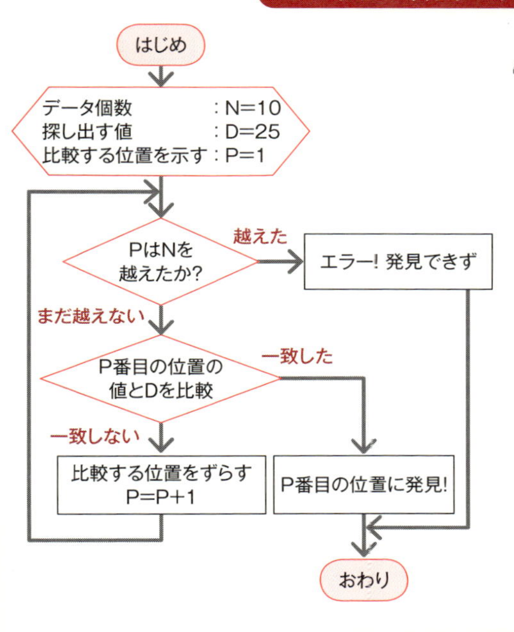

問題

次の10個のデータ列から、シーケンシャルサーチによって、25の位置を探しなさい
(11 2 13 28 6 10 17 25 4 23)

フローに従った実行例を以下に示します

【実行例】

P(値)
1(11) 不一致
2(2) 不一致
3(13) 不一致
4(28) 不一致
5(6) 不一致
6(10) 不一致
7(17) 不一致
8(25) 一致
(答)位置は8

バイナリーサーチのフロー例

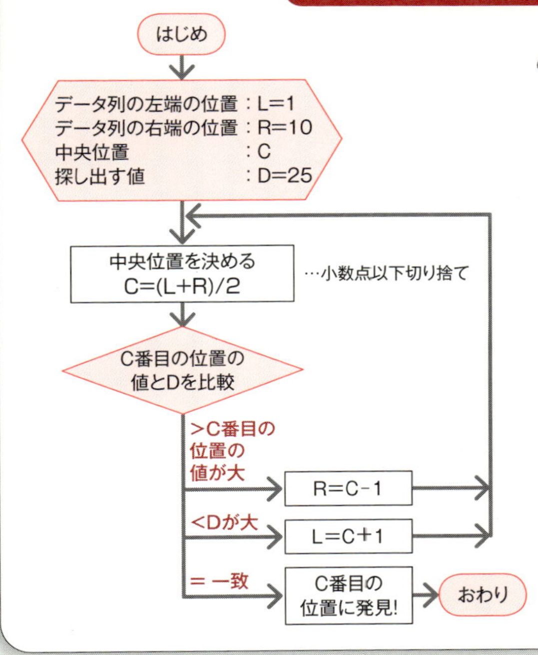

問題

次の昇順にソートされている10個のデータ列から、バイナリサーチによって、25の位置を探しなさい
(2 3 6 4 10 11 13 17 25 28)

フローに従った実行例を以下に示します

1 2 3 4 5 6 7 8 9 10

L C R
~~2 3 6 4~~ 10 11 13 17 25 28
(こちら側には無い)

L C R
~~11 13~~ 17 25 28
(こちら側には無い)

LC R
25 28

【実行例】

L	C(値)	R
1	5(10)	10
6	8(17)	10
9	9(25)	10

(答)位置は9

44 順序よく混ぜ合せる

マージ

マージ（merge）とは、二つのソート済みのデータ列を、一つのソート済みのデータ列にまとめあげるという処理です。二つのデータ列の長さは、同じである必要はありません。例えば、社員データベースに、新人社員を追加して、新しい社員データベースに更新するような場合には、長い社員データベースに対して、新人データ列は短いでしょう。

アルゴリズムは簡単です。図のように二つの昇順にソート済みのデータ列に対して、先頭同士の値を比較し、小さいほうを結果のデータ列へ移動させます。その移動した後の位置には、残りのデータをずらせて詰めます。この操作を、どちらかのデータ列がなくなるまで続け、一方がなくなったら、もう一方の残りのすべてを結果のデータ列の後に追加すれば完了です。

少し事務処理らしい例で再度説明しましょう。図は、ある会社のある月の残業時間の取りまとめをしているという想定です。本社と工場において残業が発生していて、その実績がそれぞれの場所で、社員番号の昇順に整理されて並べられています。これらをマージして、社員番号の昇順に表にまとめられています。

事務処理では、社員番号と何らかのデータをセットにしたものを個々のデータとして扱うことが多く、この例でも社員番号と残業時間がセットになっています。

さて、この処理で求めたいのは、残業時間の集計ではなくて、社員番号の昇順に並んだ残業時間の一覧表なので、社員番号についてマージすることになります。このようなとき〝社員番号をキーとしてマージする〟などと言います。また、マージ処理そのものは〝定義済み処理〟とし、両側を二重線にした四角で表します。

このように、事務処理の場合のアルゴリズムとしては、どのデータに対して、どの定義済み処理を用いるかを考えるのが中心になると思われます。

●マージは二つのソートデータをまとめる処理
●本社と工場で発生した残業実績を社員番号の昇順にまとめる

マージのアルゴリズム

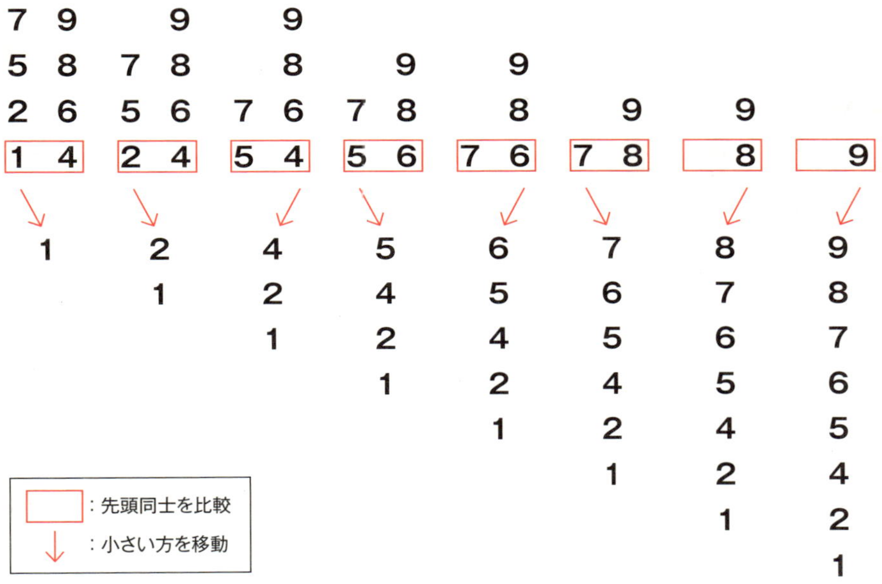

事務処理でのマージの利用例

（残業時間の集計）

本社

社員番号	残業時間
1002	5
1004	3
1011	20
1025	12
1028	6

工場

社員番号	残業時間
1003	10
1014	3
1022	4
1023	5

集計結果

社員番号	残業時間
1002	5
1003	10
1004	3
1011	20
1014	3
1022	4
1023	5
1025	12
1028	6

45 データ同士を突合せる

マッチング

マッチングは、マージと同じくソート済みの二つのデータ列に対して行われます。両者のキーを比較して、転送、追加、更新、消去などの処理を行います。マスターを更新するようなときに使われるアルゴリズムです。マッチングのフローを図に示します。

マージとの違いは、二つのデータ列の中に同じキーが存在し得るところです。むしろ、同じキーを持つデータを見つけて、必要な更新処理などを行うのがマッチングの特徴です。

二つのデータ列の最後のキーには、これ以上データがないことを示す特別に大きな数値を書いておくことが必須です。多くの場合、多数桁の9の数値を用いているようです。この特別な数値を取り込んだら、マッチングを終了させるという判断が、フローの更新処理のところだけに配置されているのは、なぜでしょうか？本当に、ここだけでよいのでしょうか？考えてみてください。

マッチングについても、事務処理での使用例として、社員マスターの居住地の更新処理の例を図に示します。マスターでは全員が東京に住んでいることになっていますが、トランザクションによれば埼玉や千葉への転居が増えているようです。新規採用と思われる追加分も、神奈川や埼玉となっています。各データ列とも、データの終わりを示す特別な数値として999が追加されているところに注目してください。

ところで、マージのところで使用した二つの残業データを、マッチングのデータとして処理させたとしたら、どうなるでしょうか？転送と追加の処理のみが行われることになるため、全く同じ結果となります。このことから、マッチングはマージに更新機能を併せ持たせた処理であると言えるでしょう。

更新処理とは、既存のデータに修正を加えるということです。このとき、修正する項目を空欄としておくことで、削除処理をさせることも可能です。

要点BOX

●"マッチング"はマスターを更新するような処理
●マージに更新機能（修正）を併せ持たせた処理

マッチングのフロー例

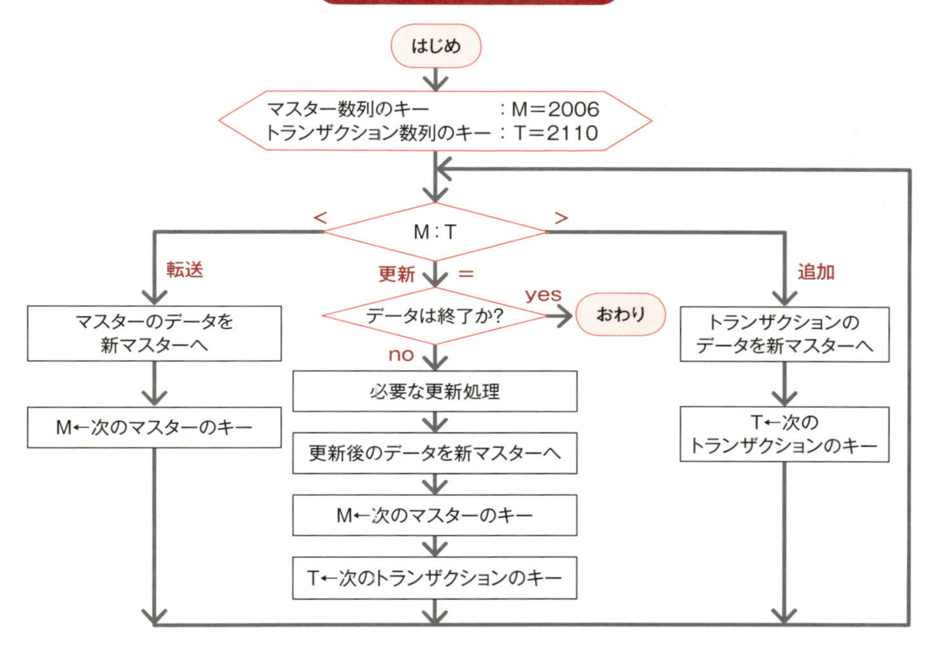

事務処理でのマッチングの利用例

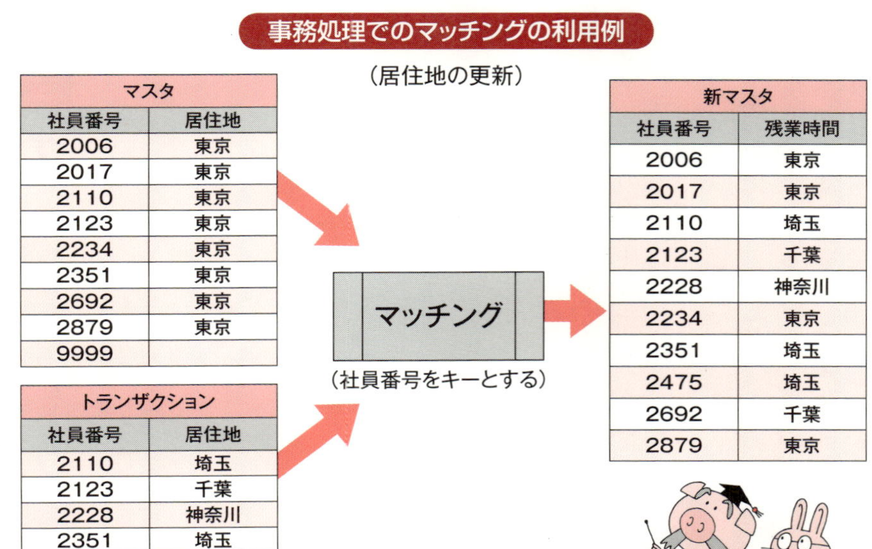

マスタ

社員番号	居住地
2006	東京
2017	東京
2110	東京
2123	東京
2234	東京
2351	東京
2692	東京
2879	東京
9999	

トランザクション

社員番号	居住地
2110	埼玉
2123	千葉
2228	神奈川
2351	埼玉
2475	埼玉
2692	千葉
9999	

新マスタ

社員番号	残業時間
2006	東京
2017	東京
2110	埼玉
2123	千葉
2228	神奈川
2234	東京
2351	埼玉
2475	埼玉
2692	千葉
2879	東京

46 典型的な給料計算のアルゴリズム

マスターとトランザクション

事務処理システムにおいては、社員情報や取引先情報、製品情報など、その企業の基本となるデータが、磁気ディスクや磁気テープなどに記録されていることが前提となります。これらの大量データの塊は変化することが少なく、大切な情報のため、〝データベース〟とか〝マスター〟などと呼ばれて厳重に管理され保管されています。その一方、毎月の社員の残業時間数や製品の売り上げ実績などは、その都度変化するデータとなります。事務処理システムでは、基本となるマスターに対して、その都度変化するデータ（トランザクションという）を突合せて、必要なデータを作り出すという処理が定番です。

典型的な給料計算を例にすると、図のようになるでしょう。社員情報マスターには、個人ごとに社員コードや職位や基本給、通勤手当や扶養手当、年金掛け金や生命保険料などの控除額などが記録されています。一方、毎月の社員の残業時間や勤務日数、休暇取得日数などの実績を、本社や事業所毎に集計します。これがトランザクションです。

トランザクションは、その後の処理のために昇順にソートし、次にそれらを社員コードをキーにしてマージし、一つにまとめてから、社員情報マスターに突き合せるマッチングを行い、実績分を加算した給料明細票を作成して印刷します。

また、たまには社員情報マスターも更新が必要となるでしょう。たとえば、社員の採用、退職、昇給や昇進、扶養家族が変化、引越しによる住所や通勤経路の変更などなど。このようなときにも、トランザクションをまとめて、社員情報マスターとマッチングして社員情報マスターを更新します。

以上のように、事務処理では定型的な既存処理を組合せることによって、目的とする処理を行います。この組合せ方こそが、事務処理システムにおけるアルゴリズムと言えるでしょう。

- ●マスターとトランザクションを突合せてマッチングする
- ●事務処理は定型的な既存処理の組合せ

社員情報マスターの構成例

社員コード	部署コード	職位	名 前	生年月日	基本給	配偶者	扶養人数	住所 通勤経路
010020345	010401201	0003	山田一郎	19920218	357800	1	2	埼玉県浦和市常盤
010020353	010300903	0011	斉藤信男	19630822	538700	1	3	埼玉県さいたま市南区
010020361	030201102	0021	大矢 博	19620215	623400	0	0	東京都北区西が丘

トランザクションデータの構成例

社員コード	勤務日数	休暇日数	残業時間	出張旅費
020152638	20	2	5	1520
030025513	22	0	8	2360
050237489	22	0	12	0

給料計算アルゴリズムの例

（本書の説明のために筆者が勝手に考えたものです）

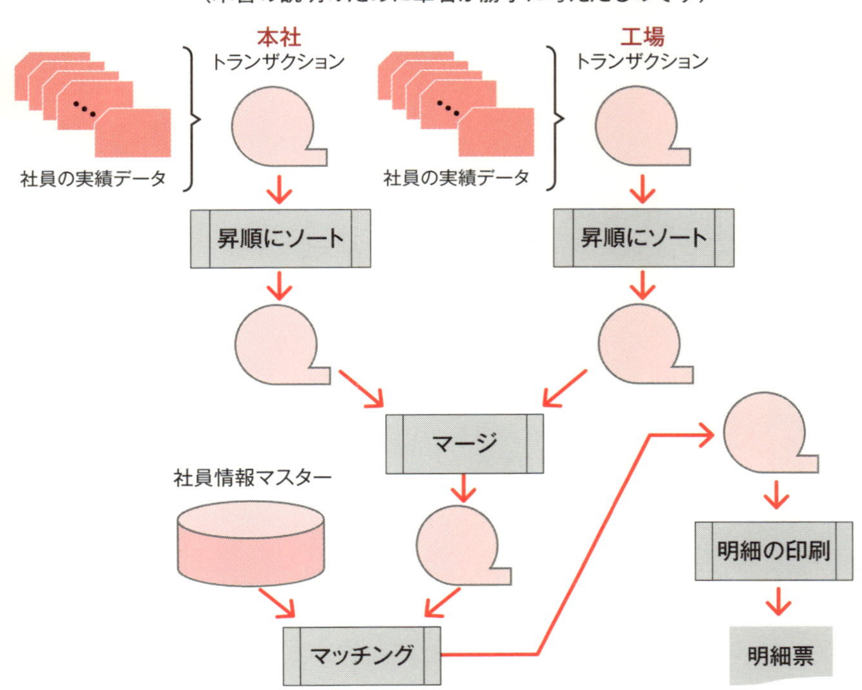

Column

なぜ、あいうえお順にソートできるのか？

コンピュータの内部は、ご存じのようにデジタル回路で構成されています。つまり、全ての動作やデータが2進数で表されているのです。数値データはもちろんですが、文字データも2進数で表されているのです。

エーッ、どうやって？と思うかもしれませんが、実は全ての文字に文字コードがつけられているのです。日本語の場合、記号から始まって、ひらがな、カタカナ、漢字はもちろん、数字ですら文字として扱う場合には文字コードで処理します。

文字コードにもいくつかの種類がありますが、JIS（日本工業規格）で規定されたものが標準として用いられています。そのため、ワードの文章をどのプリンタで印刷しても、同じ内容となるのです。

したがって、文字列のソートも可能です。ただし、この際には、文字の順というより、文字コードの順ということになりますね。ひらがなやカタカナは、あいうえお順に、数字は0123の順に文字コードがつけられているので、ソート処理した結果に違和感はありません。漢字の場合には、読みの順だと推測しますが、どうでしょうか？

ネットショッピングなどで何らかの登録の際に、漢字と共に振り仮名を併記させられるのは、読み間違いをしないためと共に、ソートにも使用されていると推察されます。

	0	1	2	3	4	5	6	7	8	9	A	B	C	D	E	F
8180	÷	＝	≠	＜	＞	≦	≧	∞	∴	♂	♀	°	′	″	℃	￥
8190	＄	¢	£	％	＃	＆	＊	＠	§	☆	★	○	●	◎	◇	◆
18A0	□	■	△	▲	▽	▼	※	〒	→	←	↑	↓	＝	・	・	・
〜〜																
8250	1	2	3	4	5	6	7	8	9	・	・	・	・	・	・	・
8260	A	B	C	D	E	F	G	H	I	J	K	L	M	N	O	P
8270	Q	R	S	T	U	V	W	X	Y	Z	・	・	・	・	・	・
〜〜																
8290	p	q	r	s	t	u	v	w	x	y	z	・	・	・	・	ぁ
82A0	あ	ぃ	い	ぅ	う	ぇ	え	ぉ	お	か	が	き	ぎ	く	ぐ	け
82B0	げ	こ	ご	さ	ざ	し	じ	す	ず	せ	ぜ	そ	ぞ	た	だ	ち
〜〜																
8890	・	・	・	・	・	・	・	・	・	・	・	・	・	・	・	亜
88A0	唖	娃	阿	哀	愛	挨	姶	逢	葵	茜	穐	悪	握	渥	旭	葦
88B0	芦	鯵	梓	圧	斡	扱	宛	姐	虻	飴	絢	綾	鮎	或	粟	袷
88C0	安	庵	按	暗	案	闇	鞍	杏	以	伊	位	依	偉	囲	夷	委

現在、多く用いられているコード表（Shift_JISの一部）

<例>
“愛”の文字コードは88A0と4の交点にあるので、“88A4”

第7章

技術計算のアルゴリズムを考える

47 方程式を解く（二分法）

着実に答えが出せる方程式の解法

技術計算では、方程式の解を求めることが頻繁にあります。方程式の解を求めることを〝方程式を解く〟と言い、変数がどのような値のときに等式が成り立つか（Y座標が0となるか）を決定します。具体的には、式が表す曲線とX軸とが交わる座標を求めることになります。

まずは、反復回数は多めですが、着実に解が求まる〝二分法〟というアルゴリズムを紹介しましょう。

二分法は、先に説明したバイナリサーチと原理的に似ていて、解が存在する区間を半分ずつ狭めていくという手法です。しかし、関数が不連続な場合や方程式が偶数乗根を持つ場合には、適用できません。

二分法では、解を挟んでいると思われる二つの初期値を用意する必要があります。解を挟んでいるということは、Y軸の値が負になるX座標と、正になるX座標の値ということです。ちょっと厄介ですが、方程式の関数をグラフ化したり、あるいは実際にいくつかの値を関数に入れて計算して、答えの符号を確認して求めます。

もう一つ、どの程度まで真の値に近づいたら正解として処理をやめるのかを判断するための〝反復打切り基準〟を決める必要があります。この基準を極端に厳しく設定すると、計算によって生じる誤差の関係で、いつまで繰り返しても基準まで小さくならない可能性があります。ほどほどの値にするか、最大の繰り返し回数を設定して、強制終了させるなどの対策が必要となります。

以上の二つの準備ができてしまえば、具体的なアルゴリズムは簡単です。二つの初期値の中間値を求め、その値を関数に代入して計算します。その結果の絶対値が反復打切り基準より小さければ終了です。反復打切り基準より大きければ、処理を繰り返しますが、その際に結果の符号（正か負か）によって、解のどちら側の範囲を狭めるかを決定します。

●二分法は着実に解が求まる
●解が存在する区間を半分ずつ狭めていく手法

二分法が適用できないケース

①関数が不連続な場合
（途中で切れている）

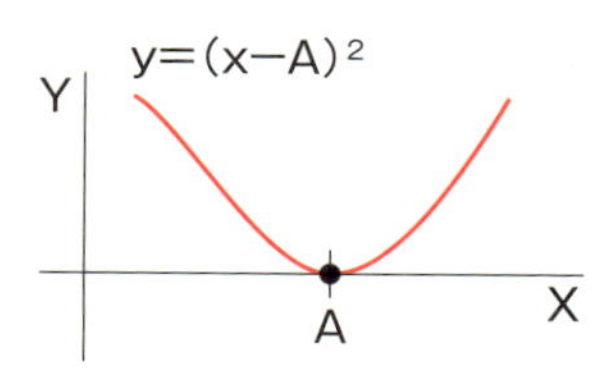

②方程式が偶数乗根を持つ場合
（根Aの両側でYの値 が同じ符号）

2分法のアルゴリズム

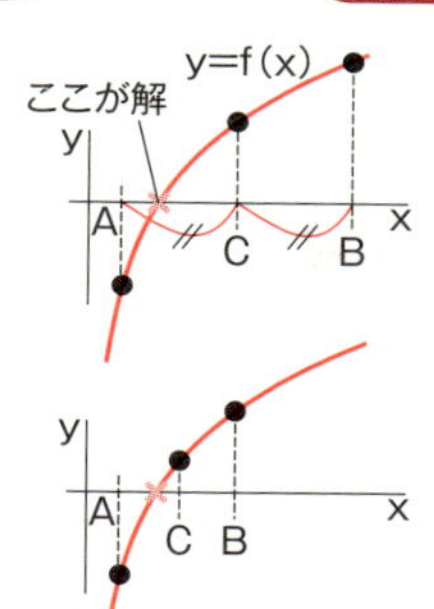

①解を挟んで2つの初期値ABをX軸に設定する
②ABの中点をCとする
③x=Cでのyの値が>0なのでBをCの位置に移動させる
④新しいABの中点をCとする
⑤x=Cでのyの値が>0なので再びBをCの位置に移動させる
⑥新しいABの中点をCとする

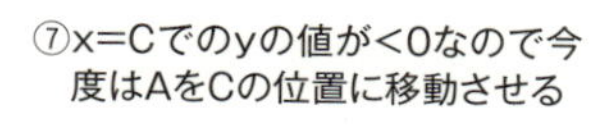

⑦x=Cでのyの値が<0なので今度はAをCの位置に移動させる
⑧新しいABの中点をCとする
⑨x=Cでのyの値が反復打切り基準内に入ったので、Cを解として処理を終わる

拡大

反復打切り基準

問題

二分法を用いて、次の方程式を解きなさい。
f（x）=x+log（x）=0

処理を開始する前に、2点A、B（ただしA<B）でf（A）<0 かつ f（B）>0 となる初期値A、Bを見つける必要がある。その方法としては、関数の概形を描いてみたり、試行錯誤によって求める。

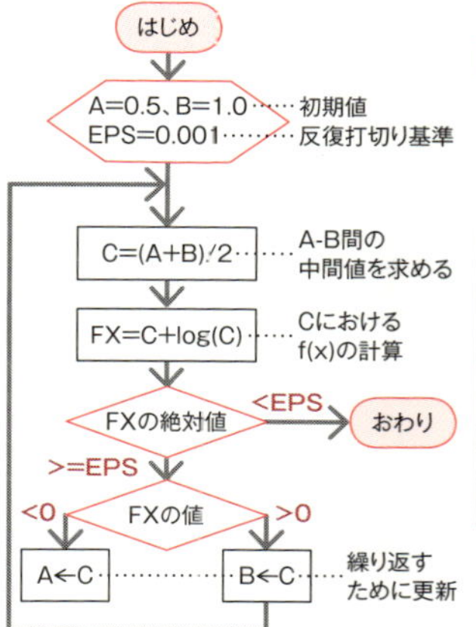

【実行例】

回数	A	C	B	FX
0	0.5000	0.7500	1.0000	0.4623
1	0.5000	0.6250	0.7500	0.1550
2	0.5000	0.5625	0.6250	-0.0129
3	0.5625	0.5938	0.6250	0.0725
4	0.5625	0.5781	0.5938	0.0302
5	0.5625	0.5703	0.5781	0.0087
6	0.5625	0.5664	0.5703	-0.0020
7	0.5664	0.5684	0.5703	0.0034
8	0.5664	0.5674	0.5684	0.0007

これが解
これが反復打切り基準以下

48 方程式を解く（ニュートン法）

上手に使うと速い方程式の解法

方程式を解くアルゴリズムの中でも、多く用いられているのがこれから紹介する〝ニュートン法〟だと言われています。その理由としては、繰り返し回数が少なく、処理も比較的単純なのが特徴だからです。しかしその反面、初期値が適切でないと、繰り返し回数が多くなったり、解けなかったりするという使いにくさがあります。

ニュートン法では、まず初めに、予想される真の解に近いと思われる初期値をひとつ決めます。すでに説明したように、これがなかなか難しいのです。そして、そこでの関数曲線の接線を計算し、その接線がX軸と交わるX切片を計算します。このX切片の値は、求めている解に更に近いものとなるのが一般です。次に、X切片の値に対して、そこでの曲線の接線を計算し、新たなX切片を求めます。このような一連の操作を繰り返し、関数値が反復打切り基準内に入ったところで処理を終了します。

なんだか難しそうな説明になってしまいましたが、やっていることは大したことないのです。ニュートン法の特徴にもあるように、比較的単純な処理なのですよ。アルゴリズムの図やフローチャートを見ていただければ、それらを納得していただけると思います。ただ、数学のちょっとした知識（接線だの、X切片だの）が必要となるところが「技術計算は難しい！」と思われてしまう原因なのです。

ニュートン法が本当に速いのか？を二分法と同じ問題で比較してみましょう。初期値と反復打切り基準は二分法と同じにして、方程式を解いてみましょう。実行させた結果、二分法が8回繰り返し計算を行ったのに対し、ニュートン法では半分の4回で済んでいることがわかります。やはり、ニュートン法は速いアルゴリズムだ！と言えるでしょう。反復打切り基準をさらに小さな値にして精度を上げていくと、その差は歴然となります。

要点BOX
- ●繰り返し回数が少なく処理も比較的単純
- ●速いが初期値に適切さが求められる

ニュートン法のアルゴリズム

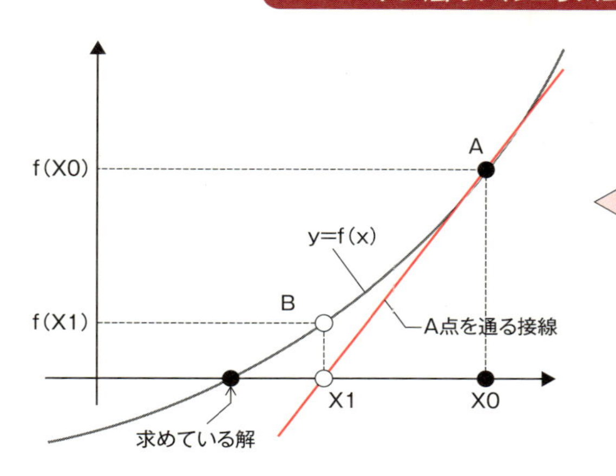

①初期値X0をX座標に持つA点を通る接線を求める
②その接線がX軸と交わる点をX1とすると、X1は求めている解に近づいていることがわかる
③同じく、X1をX座標に持つB点を通る接線を求める
④②へ戻って繰り返す

問題

ニュートン法を用いて、次の方程式を解きなさい。
$f(x)=x+\log(x)=0$

接線の傾きは、f(x)を微分することによって $f'(x)=1+1/x$ と求まる。
これを用いて、X0における接線がX軸と交わる点X1は、以下の式で求まる

$$X1=X0-\frac{f(x_0)}{f'(x_0)}$$

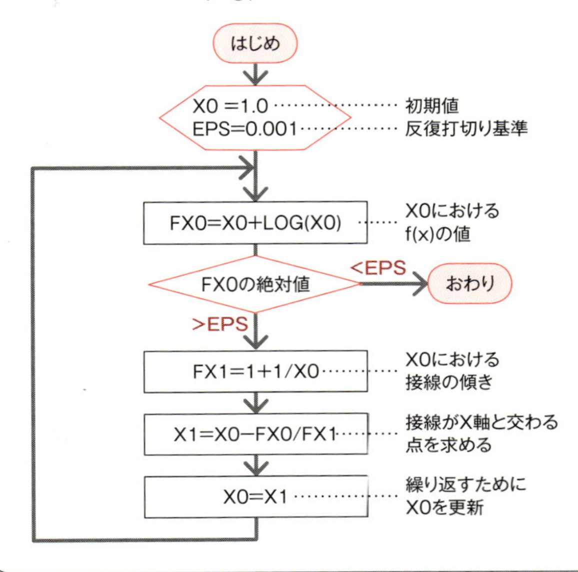

【実行例】

回数	X1	FX0
0	1.0000	
1	0.5000	1.00000
2	0.5644	0.19315
3	0.5671	0.00764
4	0.5671	0.00001

これが解
これが反復打切り基準以下

49 連立方程式を解く（ガウス・ジョルダン法）

n元連立方程式の解法

技術計算では、複数の未知数が複雑にからみあっている問題を扱うことがあります。そのような問題は、未知数の数だけ式があるというn元連立方程式として表すことができます。

連立方程式を解く基本的なアルゴリズムは、ある式を定数倍して他の式から引き、各式に含まれる未知数の個数を順次減らしていくというものです。ここでは、ガウス・ジョルダン法と呼ばれてよく知られているアルゴリズムを紹介します。

一般に未知数がn個ある場合には、n元連立方程式と言って、n個の式が並びます。ガウス・ジョルダン法では、第1式を用いて他の式にある未知数 x_1 の項を消去し、次に第2式を用いて他の式にある未知数 x_2 の項を消去します。以下同様にして x_3～ x_n の項を消去して、図に示すような未知数を減らした形に書き換えるという方法です。

では、わかりやすい具体例として、未知数が三つの場合で考えてみましょう。問題を見てください。鶴亀算と似ていますが、リンゴ・みかん・バナナと未知数が一つ増えているので、ちょっと面倒くさいです。実は、私たちはこの程度であれば筆算でやっているのですが、その手順をアルゴリズムとして整理して、コンピュータが処理できるようにしたのがガウス・ジョルダン法なのです。（実際には、どちらが先だか、私は知りませんが…）

先に取り上げた鶴亀算の未知数は、鶴と亀の匹数という二つなので、2元連立方程式となるため、二つの式によって表せます。もちろん、このガウス・ジョルダン法によっても解くことができます。逆に、もっと未知数の多い多次元連立方程式に使ってこそ効果的です。研究開発や製品開発などを行っている専門家達は、日々多くの適用問題を抱えていることでしょう。しかし、本書で紹介するのにふさわしいような題材は見つかりませんでした。残念！

要点BOX

●ある式を定数倍して他の式から引き、各式に含まれる未知数の個数を順次減らしていく掃出し法とも呼ばれる

n元連立方程式を解くということ

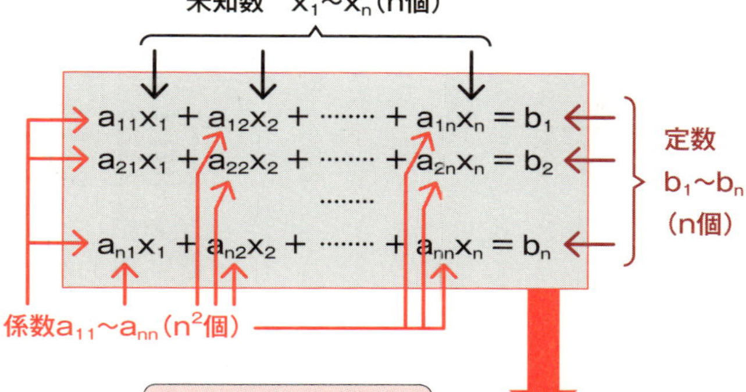

このn元連立方程式を解くということは、ある式を定数倍して、他の式から引き、各式に含まれる未知数の個数を減らし、以下のように書き換えることである

$$x_1 = b'_1$$
$$x_2 = b'_2$$
$$\cdots\cdots$$
$$x_n = b'_n$$

問題

リンゴ1個100円、みかん1個80円、バナナ1本50円です。

これらを合わせて16個購入したら1,100円でした。また、リンゴとみかんの購入個数を足すと、バナナの本数と同じになります。

リンゴ、みかん、バナナのそれぞれの購入個数を求めなさい。

3元連立方程式として、以下のように3つの式で表せる

リンゴ ＋ みかん ＋ バナナ ＝ 16	①
100リンゴ＋80みかん＋50バナナ＝1100	②
リンゴ ＋ みかん － バナナ ＝ 0	③

まず、1項目のリンゴ(未知数1)を消去する
そのためには、①を100倍して②から引いて、結果を②'とする
同じく、①を③から引いて、結果を③'とする

リンゴ ＋ みかん ＋ バナナ ＝ 16	①
－20みかん－50バナナ＝－500	②'＝②－100①
－2バナナ＝ －16	③'＝③－①

次は、2項目のみかん(未知数2)を消去する
そのためには、②'を－20で割って①から引いて、結果を①'とする
③式にはすでにみかんの項がなくなっているので、そのままでよい

リンゴ＋ －1.5バナナ＝ －9	①'＝①－②'／(－20)
－20みかん－ 50バナナ ＝－500	②'
－2バナナ＝ －16	③'

最後は、3項目のバナナ(未知数3)を消去する
そのためには、③'を1.5/2倍して①'から引いて、結果を①''とする
同じく、③'を25倍して②'から引いて、結果を②''とする

リンゴ ＝3	①''＝①'－1.5/2③'
－20みかん ＝－100	②''＝②'－25③'
－2バナナ＝ －16	③'

以上の結果を整理すると、
　リンゴ=3、みかん=5、バナナ=8　という解が得られる

50 データにフィットした直線を引く

最小二乗法

突然ですが、等速で移動していると思われる物体について、時間と位置のデータを何点か測定し、グラフにプロットすれば、なんらかの直線上に乗るはずです。それがわかれば、直線の式から物体の速度を割り出すことができます。しかし現実には、測定誤差などの影響があって、データがばらつき、思うような直線にはなりません。そんなとき、データ群に最もフィットした直線を見つけ出すのに、最小二乗法というアルゴリズムを利用しています。

その考え方は、次のようになっています。図のように測定データをプロットし、仮に引いた直線と各測定点との差の二乗を集計し、その値が最小となるような直線の傾きaと、Y切片の値bを求めます。差の二乗を用いていることが命名の由来です。

さて、本来であれば、ここで最小二乗法のアルゴリズムを詳しく紹介するところなのですが、やさしく説明するのがちょっと難しいので、代わりにエクセルを使ったやり方を紹介しましょう。なんと、エクセルには最小二乗法を計算してくれる関数が用意されているのです。つまり、そのくらい最小二乗法は利用度が高いということですね。

計算結果を使って、近似直線を描くためのデータも作りましょう。一つはY切片の値bを用います。このときのXは、当然0です。もう一つは、測定データのXの最大値付近に設定するとして、Xを6とし、その時のYは直線の式にaやbとXをそれぞれ代入して求めます。この計算も、エクセルにお任せすればよいですね。

それでは、測定データと近似直線を散布図グラフとして表示させましょう。一つのグラフ表示中に、もう一つのグラフを追加する方法も、図を参照してください。このように、実験データなどの整理や分析に、エクセルをどのように活用するかという方法も、一種のアルゴリズムと言えるでしょう。

●ばらつきのあるデータ群にフィットした直線を引くアルゴリズム
●エクセルで関数を使えばグラフ化だって簡単

測定データと仮の直線の関係

測定データ

データ	X	Y
P1	x1	y1
P2	x2	y2
P3	x3	y3
P4	x4	y4

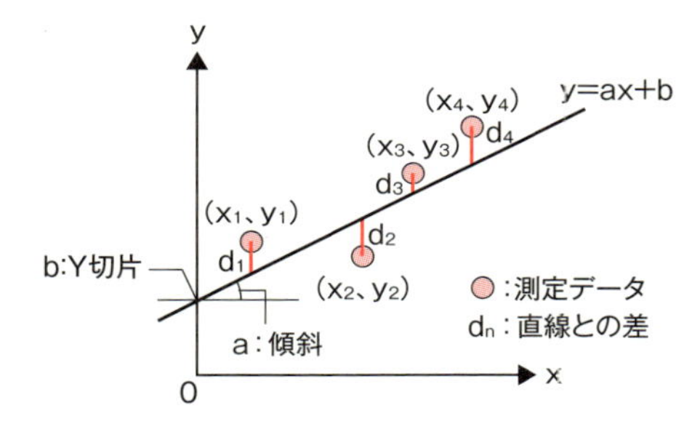

最小二乗法のアルゴリズム

①直線との差の二乗を集計し、

$S=d_1^2+d_2^2+d_3^2+d_4^2$

②このSの値を最小にするような直線

$y=ax+b$

が、最もフィットしていると考え、

③aとbの値を求める

問題

次の測定データをプロットし、最小二乗法を用いてフィットする直線を求めよ

	A	B	C	D	E	F
1						
2	測定データ			近似直線		
3	x	y		x	y	
4	1.1	1.2		0	−0.38617	
5	2.4	1.5		6	6.471851	
6	2.9	3.9		最小二乗法で求めた値		
7	4	3.2		a	b	
8	5.2	6.1		1.14300369	−0.38617	
9						

グラフを追加する手順
（2007エクセルの場合）

グラフを右クリック ⇒ データの選択 ⇒ 追加

から、複数の系列を選択できます。

傾きとY切片を同時に求める手順

①適当なところに、セルを二つ選択する（マウス左ボタンを押しながら横にドラッグ）

②そこに =LINEST(までを入力し、続けて

③マウスでYの値の範囲を示しカンマ(,)で区切り

④マウスでXの値の範囲を示しカンマ(,)で区切り

⑤TRUE) と入力

（上図の場合、

=LINEST(B4:B8,A4:A8,TRUE) となる）

⑥Ctrl+Shift+Enter を同時に押す

⑦a:傾きとb:Y切片が表示される

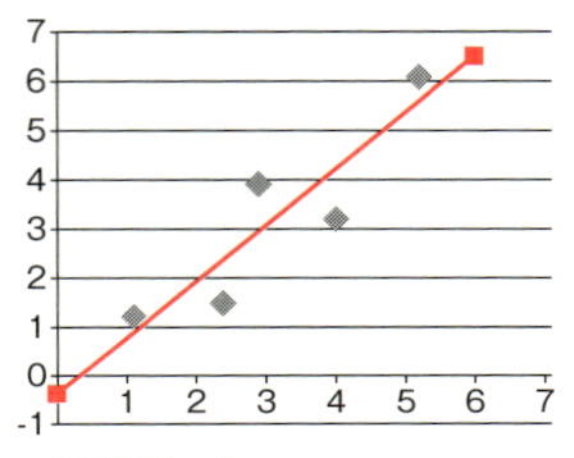

測定データ

y

系列2

近似直線

散布図グラフで表示

51 波形の成分を調べる

高速フーリエ変換

エクセルを活用する例をもう一つ紹介します。それは、FFT（高速フーリエ変換）と呼ばれる処理で、その際の高速化のアルゴリズムはデジタル信号処理を学ぶと必ず登場するほど素晴らしいものです。しかし、ここでその素晴らしさを紹介するには、専門知識が必要なこととページ数が足りません。でもエクセルを駆使すれば処理することはできます。

FFTはフーリエ変換を高速化したもので、信号波形に含まれる周波数成分を知ることができます。利用するときの注意点としては、波形のデータ数を2のべき乗個にすることだけです。

ここでは、ピアノとヴァイオリンの音色の違いについて解明することにしましょう。両者の「ら」音（オーケストラが各楽器の音程を合わせるときに使用する音）の波形を図に示します。

この波形データをエクセルの「フーリエ解析」という分析ツールを使って処理すると、結果が複素数のデータとして得られます。この結果を、複素数の絶対値を求めるIMABS関数で処理すると、周波数成分が明らかになります。棒グラフで表示しました。ちなみに、一番左にそびえる棒を基本波スペクトルと言い、この周波数が音程を示しています。ピアノとヴァイオリンの基本波スペクトルの周波数は、ほぼ一致していることがわかります。そして、その右側の2番目以降に並んでいる棒を高調波スペクトルと呼んでいて、楽器の音色を決めています。これらの分布（周波数）や棒の高さ（成分の大きさ）が異なっているため、楽器を区別することができるのです。

楽器などの分析したい信号波形は、スマホのボイスレコーダーなどのアプリでWAVE形式のデータとして取り込むことができます。そして、そのヘッダー部分を、バイナリエディタ（これもスマホ無料アプリにある）などで取り去れば、エクセルで取り扱えるデータとなります。

私は今、金相場データを解析中です。果して？

●デジタル信号処理ではおなじみのFFT
●信号波形に含まれる周波数成分を知ることができるアルゴリズム

楽器の「ら」音の波形

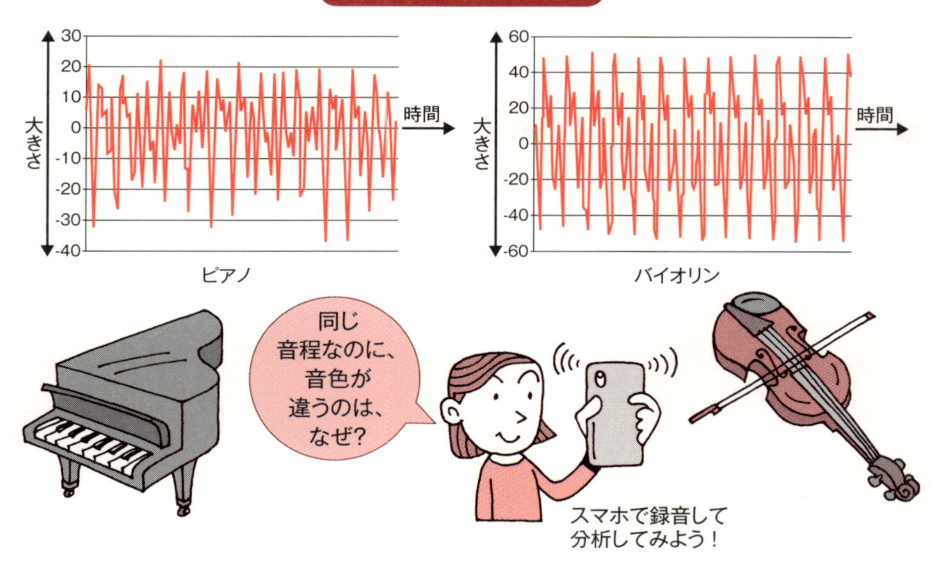

楽器の周波数分析結果

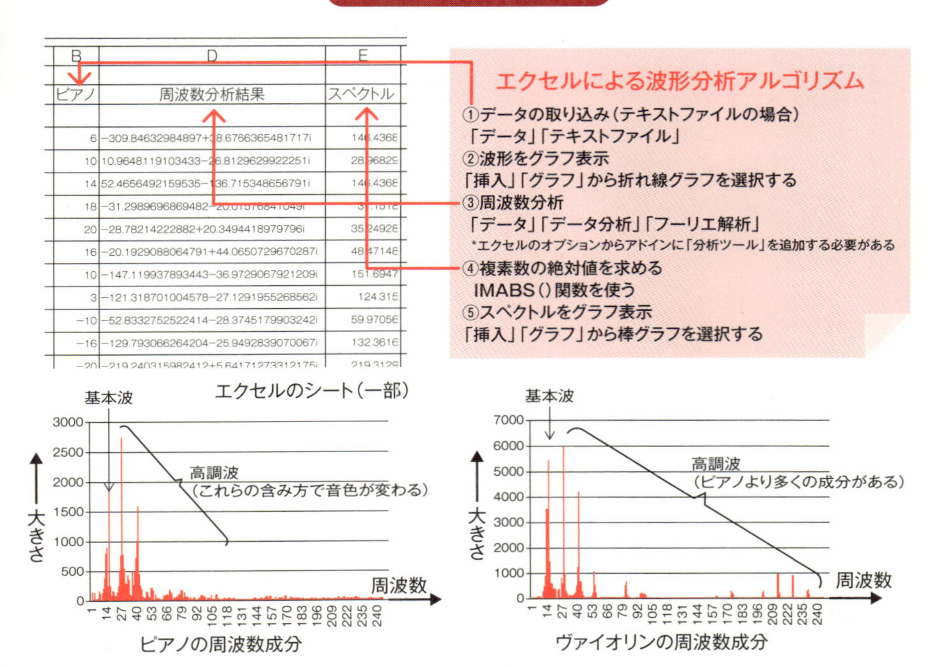

B	D	E
ピアノ	周波数分析結果	スペクトル
6	−309.84632984897+38.6766365481717i	146.4368
10	10.9648119103433−26.8129629922251i	28.96829
14	52.4656492159535−136.715348656791i	146.4368
18	−31.2989696869482−20.[illegible]i	3[illegible].1512
20	−28.78214222882+20.3494418979796i	35.24928
16	−20.1929088064791+44.0650729670287i	48.47148
10	−147.119937893443−36.9729067921209i	151.6947
3	−121.318701004578−27.1291955268562i	124.315
−10	−52.8332752522414−28.3745179903242i	59.97056
−16	−129.793066264204−25.9492839070067i	132.3616
−20	−219.240315982412+5.64171273312175i	219.3129

Column

割り込みは合法なのだ!

本書のあちこちで、〝アルゴリズムは時間の経過に従って考えなさい！〟と言ってきました。これは、コンピュータプログラムについても同じです。当然、8章で紹介しているScratchのスクリプトにも通じます。

ところが一方で、いつ起きるかわからない処理や、要求があったら直ちに対応してくれなくては困るといった厄介な処理も、ないわけではありません。例えば、非常停止ボタンが押されたときの対処や、外部メカの動作に同期した制御を行う場合などです。

これらの処理要求は、クロックで全体のタイミングを取っている通常処理ルーチンの中に入れ込んで一緒に処理するには、いささか無理があると思われます。

そこで考えられたのが割り込みという処理方式です。人間社会において、割り込みは道徳に反する悪い行動となっていますが。コンピュータ動作においては、合法化されていると言えるでしょう。

そのため、コンピュータには、割り込みを受け付けるための専用入口が設けられています。そこに、処理要求を出せば、実行中の全ての処理を直ちに中断して、割り込み要求に対応するようなアルゴリズムになっているのです。

Scratchの場合にも、「緑の旗」で開始する通常処理の他に、イベントブロックに複数の割り込み処理での開始ブロックが用意されています。

実際の動作の仕組みについては、コラム4「メモリに関するアルゴリズム」のスタックを参照してください。

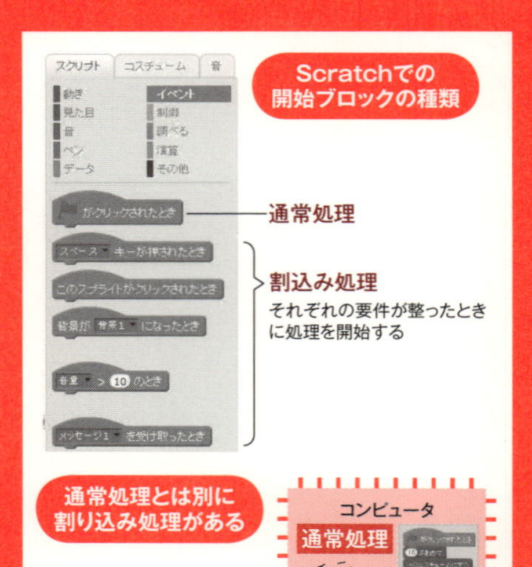

第8章

アルゴリズムをscratchで試そう

52 Scratch（スクラッチ）とは？

試して使える教育用プログラミングアプリ

スクラッチは、アメリカのマサチューセッツ工科大学メディアラボ（MIT Media Lab Lifelong Kindergarten Group）が開発した、無料の教育用プログラミング言語学習環境です。アルゴリズムを考えて、チャートに表現（これがここでのプログラム）し、実行させて動作を確認できるという機能を持ったアプリケーションです。日本語表示と子どものためにひらがな表示も可能です。世界各国の言語に対応しているため、全世界的に利用が広がっています。

スクラッチには、パソコン版（パソコンにインストールして使用する）とネット版（インターネットに接続しながら利用する）の二種類があり、どちらも基本的に同じことができます。パソコンの能力やインターネット接続の制限等を勘案して、どちらを採用するかを決めましょう。プログラムのインストール方法や使い方の詳細については、スクラッチのホームページを参照してください。

スクラッチでは〝スプライト〟というキャラクタ（図ではネコ）に対して、〝ブロック〟（命令）を組合せて〝スクリプト〟（これがアルゴリズム）を作ります。スクラッチの画面は、四つに分かれていて、左上のステージでスプライトがスクリプトに従って動作します。ドックには、アルゴリズムの対象となっているスプライトが並びます。図ではネコだけですが、他にもいろいろと用意されています。コマンド・パレットには、コマンドが分類されています。スクリプト・エリアでは、考えたアルゴリズムに従ってブロックをチャートのように組合せてスクリプトを作ります。

ああ〜、カタカナがいろいろ出てきてヤダ〜！と、拒否反応が出ていませんか？　米国のアプリケーションなので、カタカナ用語が多いです。しかし、慣れるより仕方ないですね。変な日本語に訳されると、かえってわかりにくくなると思いますよ。

要点BOX

- ●“スプライト”（キャラクタ）に対して、“ブロック”（命令）を組合せて“スクリプト”を作成する
- ●このソフトではスクリプトこそがアルゴリズム

スクラッチでスプライトを動作させるアルゴリズムを考える

◎MITメディアラボ（米国マサチューセッツ工科大学）が教育用に開発
◎視覚的に（チャートで）アルゴリズムを学ぶことができる
◎スプライトと呼ばれるキャラクタをステージに配置し
◎ブロックと呼ばれる命令を組み合わせて希望の動作をさせる
◎このブロックを組み合わせたアルゴリズム記述をスクリプトと呼ぶ

＊Scratchの詳細は：Scratch Wiki　https://ja.scratch-wiki.info/wiki/Scratch_Wiki

スクラッチの画面構成

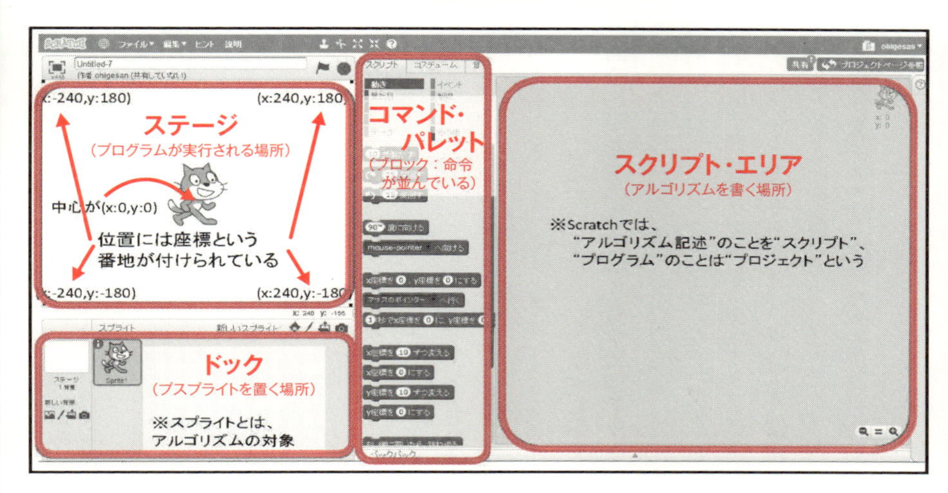

53 ネコを動かしてみよう！

キャラクタを動かすアルゴリズム

スクラッチ開始時には、ネコのスプライトがドックに初期設定されているので、ステージにもネコが表示されています。したがって、このままでネコを対象としたスクリプトを作ることができます。

まずはチャートの〝はじめ〟に相当する「開始ブロック」を、コマンド・パレットの「イベント」の中からスクリプト・エリアへドラッグ（左ボタンを押しながら引きずる）します。次に、「動き」の中から「10歩動かす」を、「開始ブロック」の下までドラッグしてパチンッとくっつけます。

ではこの段階で、ステージの右上にある「緑の旗」をクリックしてみましょう！ ネコがチョコッと10歩相当だけ移動しましたね。更に「緑の旗」をクリックし続けると、ネコはステージの右端に尻尾を残して隠れてしまいます。そこで、「動き」の中から「もし端に着いたら、跳ね返る」をドラッグして、「開始ブロック」と「10歩動かす」の間に挿入してみましょう。「緑の旗」をクリックすると、ネコが方向転換して出てきます。

今度は、「制御」の中から「10回繰り返す」をドラッグしてきて、「もし端に着いたら、跳ね返る」と「10歩動く」を挟み込みます。この挟み込みには、ちょっとコツが入りますので、周囲をドラッグしながら試してみてください。できたら「緑の旗」をクリックしてみましょう！ 10歩を10回なので、100歩移動するのが確認できたでしょう。

同様にして、「制御」の中から「ずっと」に取り換えて挟み直すと、左右の端で跳ね返る動作を永久に続けます。これを強制終了させるには、ステージの上にある「緑の旗」の右隣にある「赤い●」をクリックします。

このように、アルゴリズムをスクリプトで表現することができれば、ネコを希望通りに動かすことができます。でも、まずは始めにアルゴリズムありきです。希望する動作をストーリーにまとめることを考えましょう。

●まずはキャラクタを動かしてみる
●アルゴリズムをスクリプトで表現できればキャラクタを動かせる

ネコを動かすスクリプト

1. まず「開始ブロック」をドラッグ

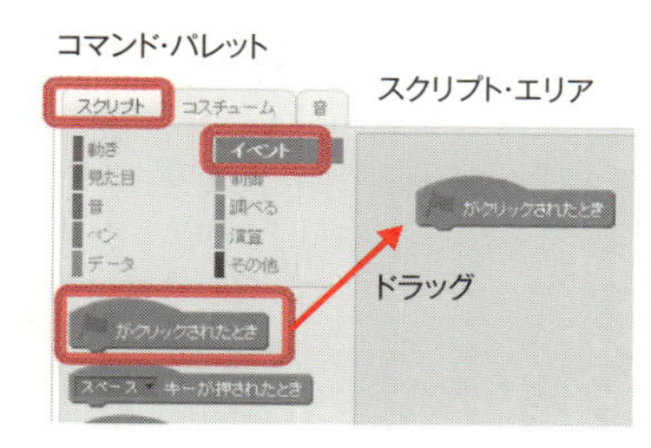

2. 「10歩動かす」をドラッグ

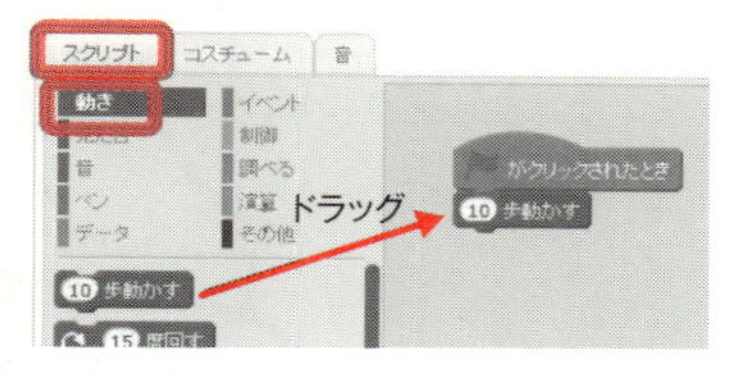

3. とりあえず動かしてみよう!

4. 何度も動かすとネコが隠れる?

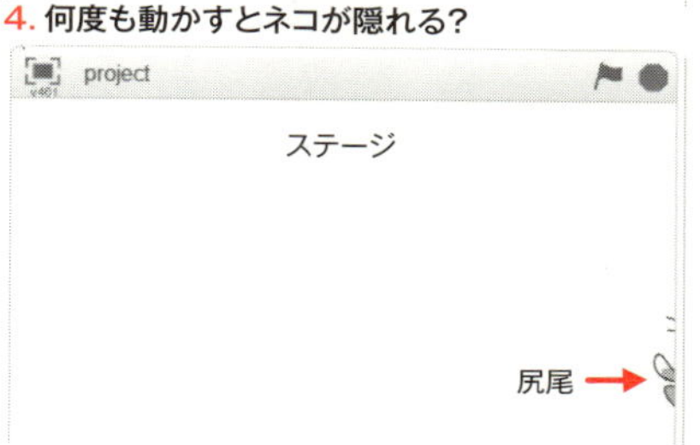

5. 「もし端に着いたら、跳ね返る」を追加

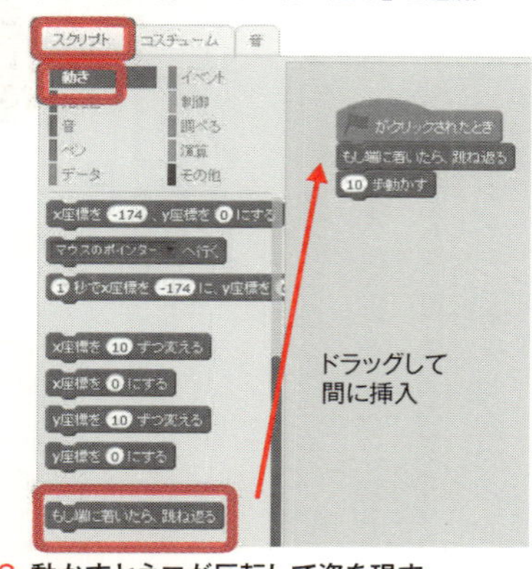

6. 動かすとネコが反転して姿を現す

7. 「10回繰り返す」をドラッグして挟み込む

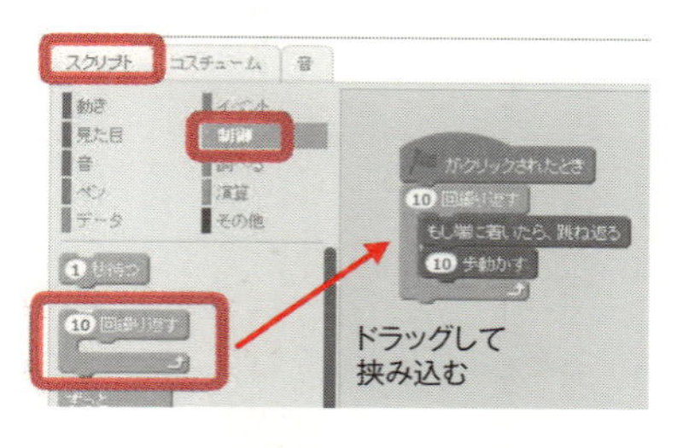

8. 「10回繰り返す」を「ずっと」に取り換える

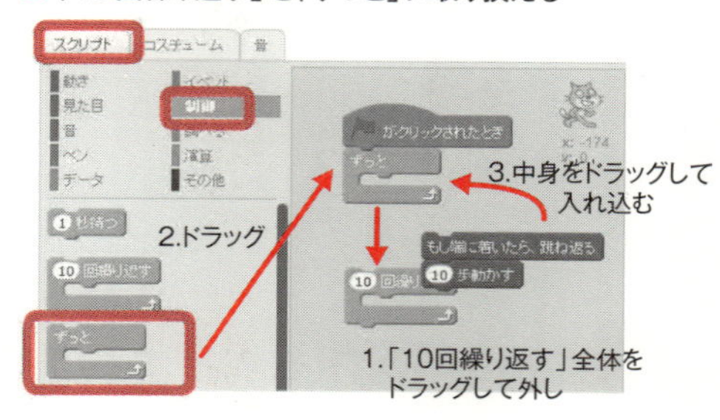

54 アルゴリズムの5パターンとの対応

制御ブロックによるパターンの記述

アルゴリズムには5パターンがあるということをすでに説明しましたが、スクラッチにもそれに対応したブロック（制御ブロックという）が「スクリプト」タブの「制御」に用意されています。したがって、チャートのままをそっくり書き換えすることができます。ただし、多分岐に対応したブロックがないので、二分岐を組合せて間に合わせることになります。このやり方についても、すでにチャートのところで説明済みですので、驚かないでしょう。

順に説明すると、順次処理には特段の制御ブロックはありません。ここで、「次のコスチュームにする」ブロックとは、対象としているスプライトに用意されているいくつかのポーズを、順に取り換えるという意味で、ネコの場合は2ポーズあって、順に取り換えると歩いているように見えます。

分岐処理には、二分岐用として、成立時のみ処理がある場合と、成立／不成立ともに処理がある場合のそれぞれに専用の制御ブロックがあります。どちらも、上部に条件を設定する穴があり、「スクリプト」タブの「調べる」をクリックすると、具体的な条件ブロックが表示されます。この中から、条件設定の穴の形と同じ形のブロックが利用できます。

多分岐は、ちょっと複雑に見えますが、二分岐をそれぞれ多段に組合せることによって多分岐ができることを2種類示しました。実際に動作するスクリプトを示したため、長めになってしまいました。

反復処理も繰り返し回数が決まっている場合と決まっていない場合の二種類の制御ブロックがあります。繰り返し回数は、数字部分をクリックして書き換えることができます。回数が決まっていない場合の条件判断は、分岐と同様に「調べる」の中から選ぶことになります。

ちなみに、永久ループ用の制御ブロック「ずっと」が用意されているのでわかりやすいです。

要点BOX

- 「スクリプト」タブの制御ブロックがパターンに当たる
- パターンごとの制御ブロックが用意されている

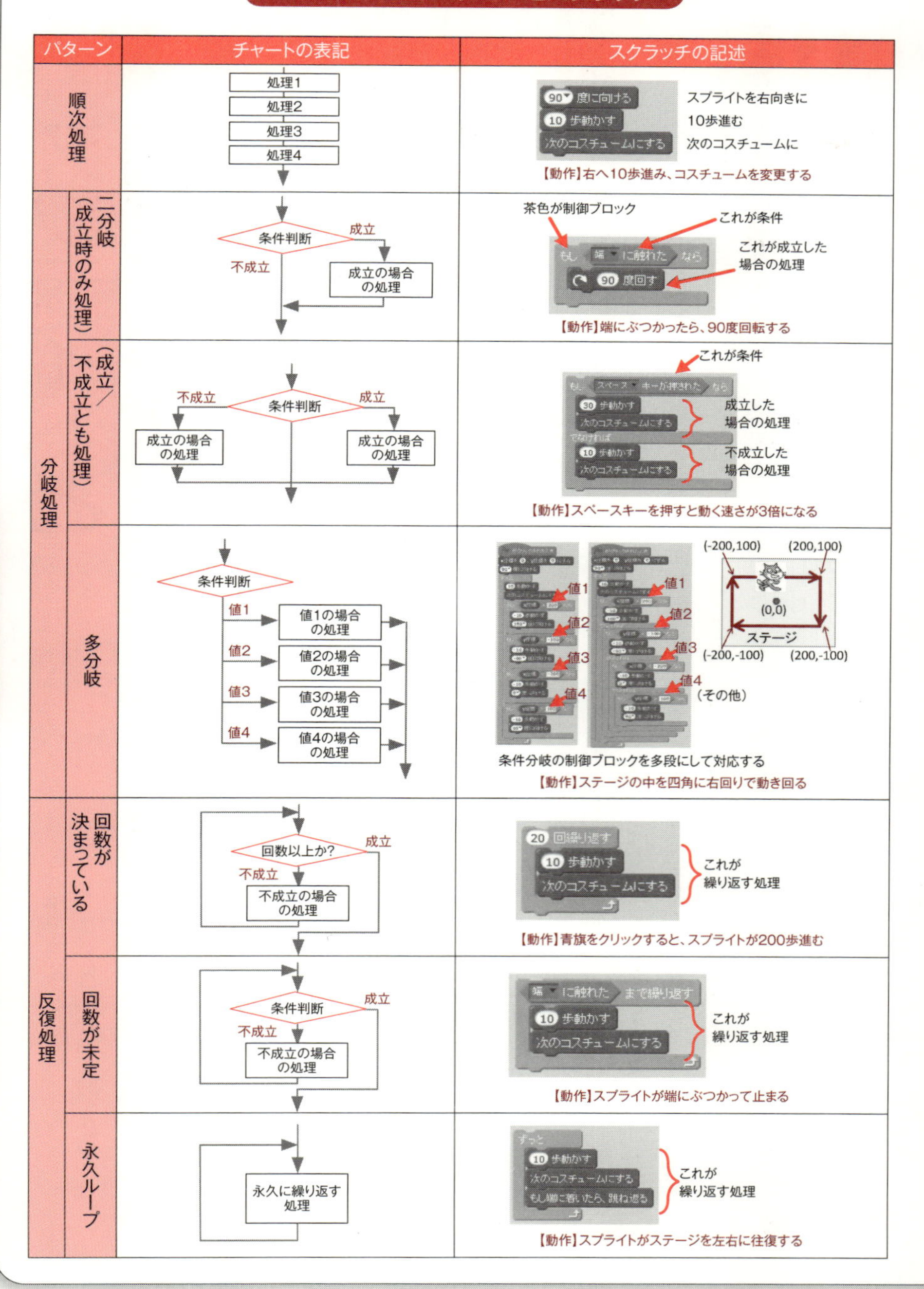

アルゴリズムのパターンとスクラッチ
パターン
チャートの表記
スクラッチの記述
順次処理
処理1
処理2
処理3
処理4
90 度に向ける
10 歩動かす
次のコスチュームにする
スプライトを右向きに
10歩進む
次のコスチュームに
【動作】右へ10歩進み、コスチュームを変更する
分岐処理
二分岐（成立時のみ処理）
条件判断
成立
不成立
成立の場合の処理
茶色が制御ブロック
これが条件
これが成立した場合の処理
もし 端 に触れた なら
90 度回す
【動作】端にぶつかったら、90度回転する
（成立／不成立とも処理）
不成立
条件判断
成立
成立の場合の処理
成立の場合の処理
これが条件
成立した場合の処理
不成立した場合の処理
【動作】スペースキーを押すと動く速さが3倍になる
多分岐
条件判断
値1
値2
値3
値4
値1の場合の処理
値2の場合の処理
値3の場合の処理
値4の場合の処理
(-200,100)
(200,100)
(0,0)
ステージ
(-200,-100)
(200,-100)
（その他）
条件分岐の制御ブロックを多段にして対応する
【動作】ステージの中を四角に右回りで動き回る
反復処理
回数が決まっている
回数以上か?
成立
不成立
不成立の場合の処理
20 回繰り返す
10 歩動かす
次のコスチュームにする
これが繰り返す処理
【動作】青旗をクリックすると、スプライトが200歩進む
回数が未定
条件判断
成立
不成立
不成立の場合の処理
端 に触れた まで繰り返す
10 歩動かす
次のコスチュームにする
これが繰り返す処理
【動作】スプライトが端にぶつかって止まる
永久ループ
永久に繰り返す処理
ずっと
10 歩動かす
次のコスチュームにする
もし端に着いたら、跳ね返る
これが繰り返す処理
【動作】スプライトがステージを左右に往復する

55 スプライトとコスチュームを変更する

キャラクタのコスチュームを数える

スプライトの絵柄のことを、コスチュームと言います。スプライトは、何枚かのコスチュームによって構成されていて、その中のどれかを選んで使用したり、いくつかを連続して切り替えると、何らかの動作をしているように見せることができます。

そこで、恐竜（Dainosaur1）のコスチュームの数を調べるスクリプトを考えてみようというのが問題です。まずは、スプライトをネコから恐竜に、図を参照して変更してください。スプライトはたくさんありますので、この際にどんなのがあるのかについても見ておいてください。

さて、どんなスクリプトにしたらよいのかというアルゴリズムを考えましょう。

問題のヒントにあるブロックを使えば、コスチュームを順に変更することができます。

すぐ思いつくのは、そのブロックを開始ブロックにくっつけて、「緑の旗」を何度もクリックする方法でしょう。これはこれで良しとしましょう。ただ、あまりにもつまらないので、図では音を出すブロック（次で説明しています）を追加しました。

何度も「緑の旗」を押すのは面倒くさい、ということで、一回だけ押せば、何回かコスチュームを変更するように考えたのが、二番目の方法です。ただし、スクリプトが長くなってしまいました。また、連続して実行させてしまうと、速くて何回変ったのか判断できません。そこで、間に待ち時間を作るブロックを挿入しました。これでオッケーです。

もっとも要領のよいスクリプトと思われるのが、反復制御ブロックを使った方法でしょう。これなら、スクリプトも短いし、繰り返し回数も制御ブロックの回数を変えるだけで簡単です。

実は、コスチュームの数は、ドックのスプライトを選択して、コマンド・パレットの「コスチューム」をクリックするだけでわかるのです。あしからず!

- ●コスチュームの数を調べるスクリプトを考えてみる
- ●簡単な操作でブロックの使い方に慣れる

スプライトの変更

問題

恐竜のスプライトについて、用意されているコスチュームの数を数えてみよう!

ヒント　右のブロックを1回実行すると、コスチュームが1回変更するる
何回変更したら元のコスチュームに戻るかを目で見て判断する　次のコスチュームにする

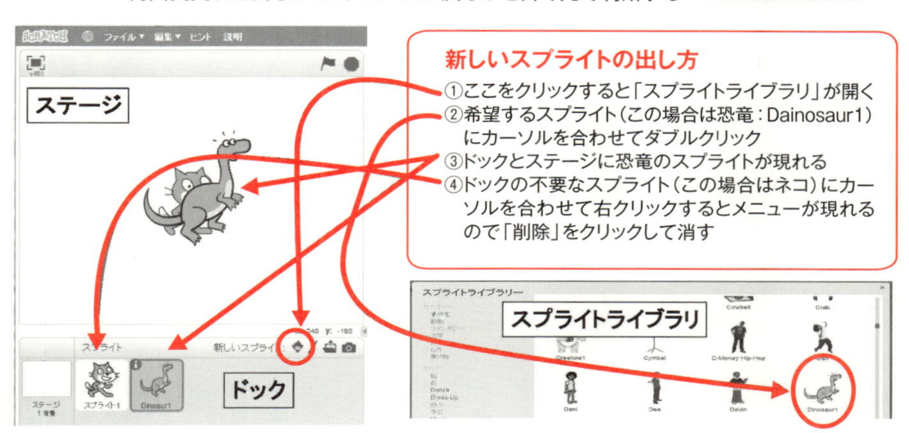

コスチュームの数を数えるアルゴリズムはいろいろある

1. 順次処理のスクリプトを作って 🏴 を何度も押す

```
🏴 がクリックされたとき
次のコスチュームにする
pop▼ の音を鳴らす
```

あまりにも単純なスクリプトなので、「音」からこれをドラッグしてくっつけてみた。さあ、どうなるか?

変化をゆっくりさせるために時間調整用のブロックを追加した

2. 順次処理のスクリプトをいくつもつなげる

```
🏴 がクリックされたとき
次のコスチュームにする
pop▼ の音を鳴らす
0.5 秒待つ
次のコスチュームにする
pop▼ の音を鳴らす
0.5 秒待つ
次のコスチュームにする
pop▼ の音を鳴らす
0.5 秒待つ
次のコスチュームにする
pop▼ の音を鳴らす
0.5 秒待つ
次のコスチュームにする
pop▼ の音を鳴らす
0.5 秒待つ
```

スクリプトが長くなる

3. 順次処理のスクリプトを反復制御ブロックで囲む

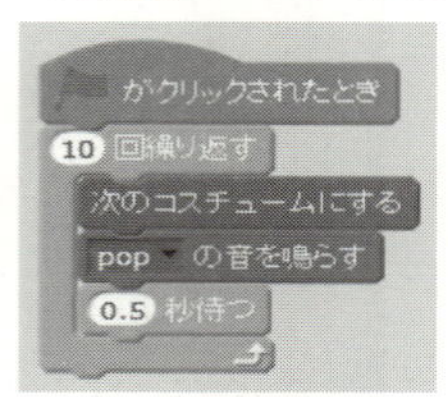

スクリプトが短くてすむ

実は、ドックのスプライトを選択して、「コスチューム」をクリックすると、すべて表示される

56 音も出せるよ！

アニメーション動作のスクリプト

スクラッチは、アニメーションが作れるように動きを意識した複数のコスチュームと、いろいろな音が出せるようになっています。ネコのコスチュームは二つあって、これを切り替えると歩いているように見えます。ゆっくり切り替えれば歩いているように見え、速く切り替えれば走っているように見えるでしょう。

音の出し方の詳細は、巻末付録のマニュアルを参照していただくとして、スクラッチの「音ライブラリ」にはすでにいろいろな音データが集められています。ネコや犬の鳴き声、擬音、楽器の音、短いメロディまで様々です。特に、楽器では、音階ごとの音が用意されているので、好きなメロディを鳴らしたり、鍵盤の絵を表示して、まるでエレクトーンのように自分で弾くことさえできます。最終的には、好きな音を録音して使うことだって可能です。すごい！

以上のように、音の種類がたくさんあるので、音ブロックでは、「音ライブラリ」から必要な音だけを事前に登録しておき、スクリプトで使用する際には、その中から選択するようになっています。問題では、ネコの位置によって、2種類の音を出すように考えました。通常は「meow：ニャー」壁にぶつかったときの悲鳴には、アヒルの声（duck：ダック）を流用しました。

さて、ネコが端まできたことを知る方法として「調べる」の「端に触れた」を使う簡単な方法もありますが、ここでは、ステージの座標を使って判断することにしました。横位置はX座標となり、ステージの最大が±240（右端が＋左端が－）なので、ネコが消える少し手前の±200まできたときに、端まできたと判断します。そして、その時に悲鳴の音を出します。

さらに応用編として、右に進むときにはゆっくり歩き、左へ進むときには小走りするように考えました。これには、進んでいる方向を知る必要があり、「変数」という機能を採用しました。この詳細についても、巻末付録のマニュアルを見てください。

要点BOX

- ●動作を切り替えてアニメーションを作ってみる
- ●音やメロディを組合せてみる

アニメーション動作のスクリプト

問題

ネコのスプライトが泣きながら歩き、端に触れたら悲鳴をあげて跳ね返る動作を繰り返す。

1. まずは歩かせて、『ニャー』と鳴かせる

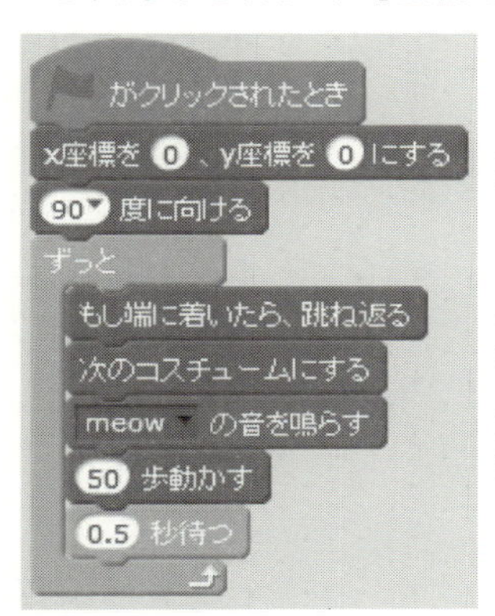

ステージの中心から動作を開始
右方向へ進むように設定

とりあえず自動で方向転換
歩いて見えるようにする
『ニャー』と鳴かせる
移動距離（歩幅）を少し大きくする
繰り返しのタイミングを0.5秒にする

ネコのコスチュームは2種類ある

```
duck の音を鳴らす
  meow
  duck
  録音...
```

この「音ブロック」の▼をクリックすると、登録されている音の一覧（ここでは、2音）が表示され、選択できる。音の登録の仕方については、付録マニュアルを参照のこと

2. X座標の値で端を判断して悲鳴をあげさせる

```
がクリックされたとき
x座標を 0 、y座標を 0 にする
90 度に向ける
ずっと
  もし x座標 > 200 なら
    duck の音を鳴らす
    -90 度に向ける
    1 秒待つ
  もし x座標 < -200 なら
    duck の音を鳴らす
    90 度に向ける
    1 秒待つ
  次のコスチュームにする
  meow の音を鳴らす
  50 歩動かす
  0.5 秒待つ
```

X座標が200になったら
右端とみなす
悲鳴をあげる!
スクリプトを左向きにする
時間調整

X座標が-200になったら
左端とみなす
悲鳴をあげる!
スクリプトを右向きにする
時間調整

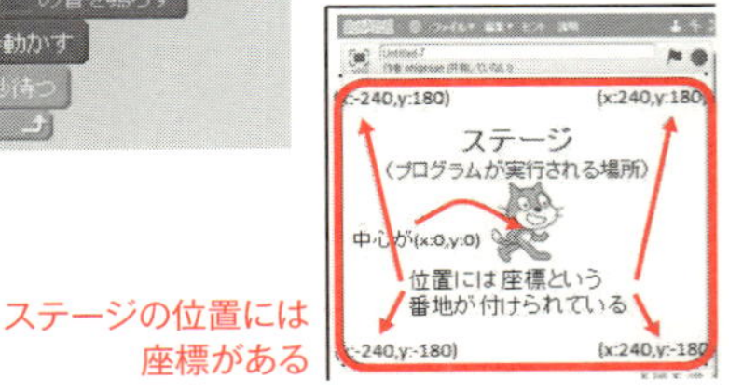

ステージの位置には
座標がある

3. 変数を導入し左右の動作速度を変える

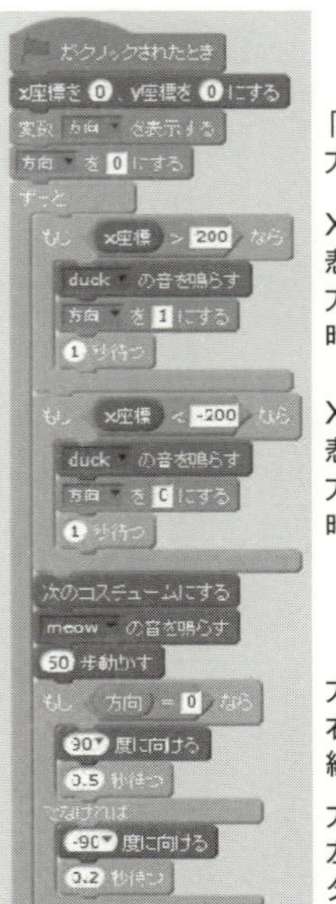

「方向」という変数を作る
方向の初期値を0にする

X座標が右端になったら
悲鳴をあげる!
方向を1にする
時間調整

X座標が左端になったら
悲鳴をあげる!
方向を0にする
時間調整

方向が0なら
右向きにして
繰り返しタイミングを0.5秒

方向が1なら
左向きにして
タイミングを0.2秒に早める

57 入力機能を利用しよう！

各種キー入力とマウスの座標入力

スクラッチには、各種キーの入力、マウスボタンとポインタの座標を入力する機能があります。そのため、ユーザーとやり取りするスクリプトを作ることができます。ゲーム等に最適ですね。

特に、キー入力については、特定のキーが押されたときに処理を開始するという、特別の「開始ブロック」さえ用意されています。これを使うと、スクリプトを個別に分割して作れるので、わかりやすくなります。

まずは、それぞれを成立時にのみ処理のある二分岐制御ブロックの条件欄に用いた例を示します。「キーが押されたら」や「マウスが押されたら」を設定することにより、それぞれの入力状況を調べることができます。また、マウスの場合には、ボタンが押されたときのマウスポインタの位置を座標データとして取り込むことができます。問題では、その座標位置へスプライトを移動させる「マウスのポインタへ行く」を使ってみました。

特定のキーが押されたときの「開始ブロック」を使った場合についても紹介します。

マウスには、そのようなブロックがないので、通常の「開始ブロック」内で、初期設定の後に二分岐制御ブロックとしています。それぞれの矢印キーを指定した開始ブロックでは、それぞれの矢印に関する処理だけを考えればよく、いたってシンプルなスクリプトになります。ただ、同じようなスクリプトが四つもできることになります。

さて、「緑の旗」が押されて動作が開始するのは、通常の「開始ブロック」のスクリプトだけで、特定キーのスクリプトは動作しません。それらが動作するのは、特定キーが押されたときのみとなります。

このような動作は、コンピュータプログラムではマルチタスクと呼んでいて、制御プログラムなどでは一般的な手法となっています。

●特定のキーが押されたときに処理を開始する「開始ブロック」がある
●入力毎にスクリプトを分けることができる

動きブロックと開始ブロックの使い方

問題

矢印キーが押されたら、それぞれの方向へ10歩、マウスの左ボタンが押されたらマウスポインタの位置へスプライトが移動するスクリプトを作りなさい！

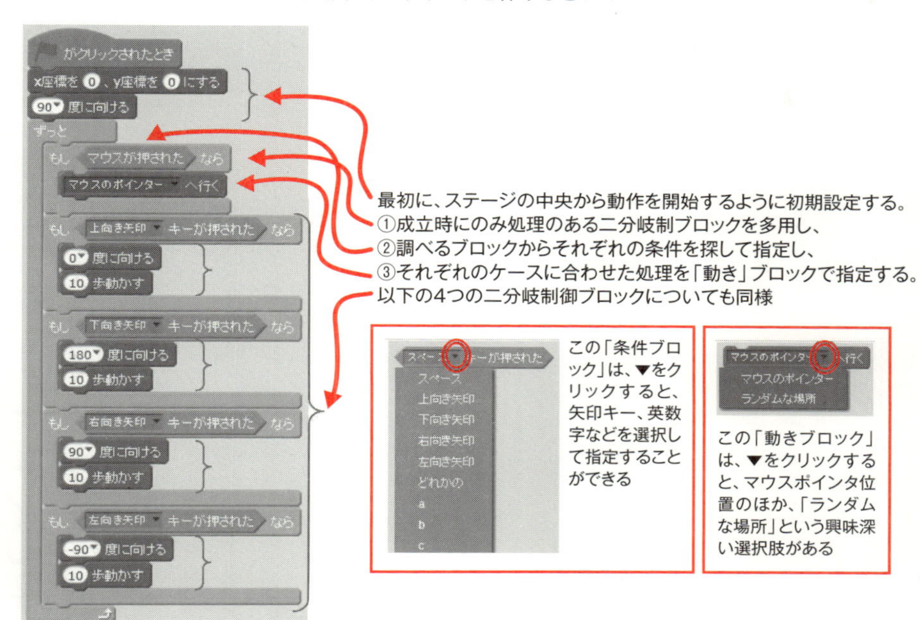

2. それぞれの入力毎に個別にスクリプトを分けることができる
（この場合、合計5つのスクリプトによって、1つのスプライトが動作することになる）

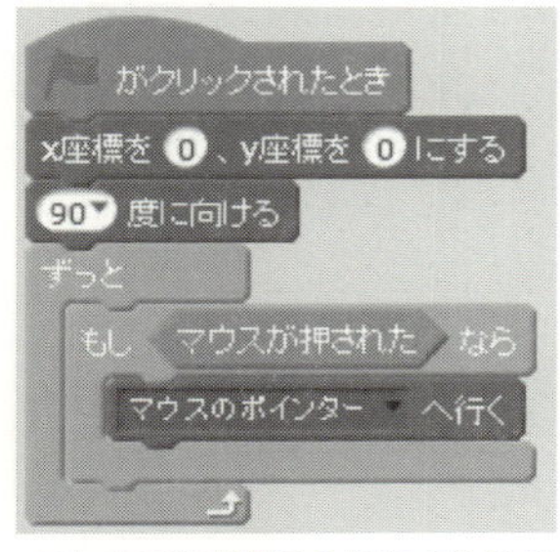

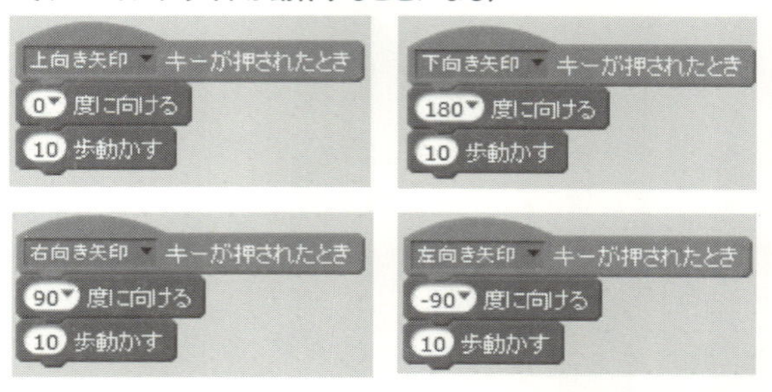

- これまで通り「緑の旗」で動作を開始するスクリプト
- マウスが押されたときの開始ブロックが用意されていないのでこの方法によるしかない
- このスクリプトは、「緑の旗」が押されると、動作し続けている

- キーボードの指定されたキーが押されたときにのみ1回だけ動作する「開始ブロック」
- それぞれの場合の動作を個別に書くことができる
- どれも同じように見えるが、キーの指定と向きが異なっている
- これらのスクリプトは、通常は動作を停止している

58 ゲーム作りに挑戦!

ゲームの企画書はアルゴリズムそのもの

スクラッチは子供たちにアニメーション作りを通してプログラミングの楽しさを実感してもらうために開発されました。私たちは、プログラミング以前のアルゴリズムを検証するためにスクラッチを利用しましょう。ということで、もっとも適したテーマとしてゲーム作りを取り上げましょう。ゲームにはストーリーとかシナリオとかが必須です。そして、それらこそがアルゴリズムなのです。

ゲームの企画書の骨組みを図に示します。だいたいこんなことでまとめれば、説明資料としては十分でしょう。それを踏まえて、具体的なゲーム作りを進めていきましょう。

タイトルは「むしむし宇宙大冒険」、どの程度魅力的かには、いささか疑問がありますが、子供向けを考慮しました。内容は、よくあるシューティングゲームもどきです。

スクラッチは、子供用とは言いながら、結構高度な機能があります。たとえば、スクリプトはそれぞれのスプライト毎に独立して作ります。ということは、スプライトの数だけスクリプトが存在して、それらが同時並行して動作することになります。これから紹介するゲームでは、一つのスプライトに二つのスクリプトがあったりもします。まさに、専門用語で「マルチタスク処理」と呼ばれるコンピュータの利用形態に相当します。

しかも、それらの一部は、何らかの外部要件が整ったときにのみ動作を開始するという、コンピュータの「割り込み処理」という機能まで利用しています。アルゴリズムでは、時間の経過を追って順に…などと説明してきましたが。いつ発生するかわからない事象に対しても、コンピュータは対応できる機能を持っているのです。素晴らしい!

では、その素晴らしさを、一緒に体験してみることにしましょう。

要点BOX

- ●ゲーム作りを通してアルゴリズムの実現を体感する
- ●コンピュータの便利さを仕組みとして理解する

ゲーム作りの企画書にはアルゴリズムが一杯！

1.ゲームの名前
内容を想像できる魅力的なものにすべき
2.ゲームの内容説明
登場するスプライトとそれぞれの特徴などの紹介
内容の概要と、「上り」と「終了」の条件について
3.ゲームの行い方
まずは、緑の旗を押す（プログラム動作開始）
具体的な操作法を、順に説明する
4.プログラムの説明
文章とフローチャート、スクリプトなどで、わかりやすく示す
5.ドキュメント化
ゲームを作成した後（または作成中）に上記内容を文書化する
もっと面白くするために改良すべきところなどの反省点についても

具体例：むしむし宇宙大冒険

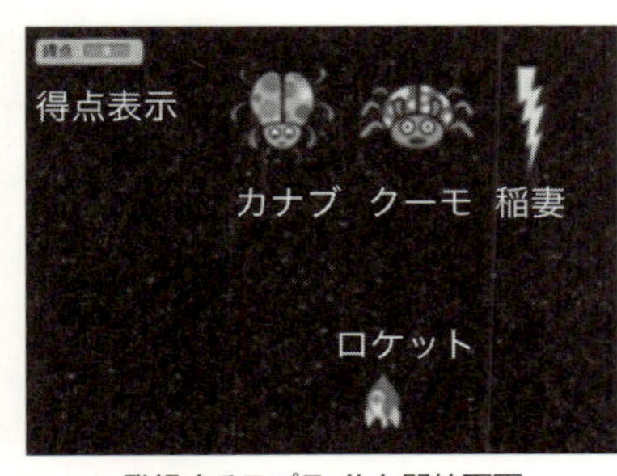

登場するスプライトと開始画面

登場するスプライト（4種）と特典
カナブ：動作速度が遅い、破壊時の得点5
クーモ：動作速度が早い、破壊時の得点10
稲妻：ロケットを攻撃する
ロケット：むし（カナブ、クーモ）に体当たりして破壊する
遊び方
カナブ、クーモ、稲妻がステージの上方のランダムな位置から、異なる速度で下へ降りてくる。
ロケットを←→キーで左右に移動させ、稲妻に当たらないようにする
クーモに当たると“ゲゲ”と音がして10点、カナブに当たると“ポコ”と音がして5点獲得できる
終了条件
得点が100点に達したとき、勝利の背景と音を鳴らして上る
ロケットが稲妻に当たった時、ゲームオーバーの背景と音を鳴らして終了する

59 スプライトと音と背景を準備する

アルゴリズム作成前にスプライトを選ぶ

スクリプトを書き始める前に、そのスクリプトに登場する全スプライトをドックに揃えて置かなければなりません。今回は、いつものネコは不要で、代わりにいくつかのスプライトが必要となります。そこで、スクラッチが用意したライブラリから、図の4種を採用することにしました。それぞれには、固有の名前が付けられていますが、今回のゲーム用に、わかりやすいニックネームをつけました。

このゲームには、ロケットを左右に動かして、2種(クーモ、カナブ)のむしむしスプライトにぶつけて、得点を稼ぐという目的があります。そのぶつけたときに発する音、それから稲妻がロケットに触れて中断する時に発する音、得点が100に達したときに発する音など、計4種の音をライブラリから探します。ですが、音の名が英語表記のため意味がわからず、探すのが結構面倒くさいです。各音ライブラリのスピーカ印の右にある再生ボタン(右向き▼)を押して、実際の音を聞いて判断するのが手っ取り早いと思われますが、結構時間がかかります。自分で収録してきた音を取り込んで使用することも可能です。

そして、最後は背景なのですが、これも三種あります。まずは、ゲーム進行中の背景で、スクラッチのライブラリから選びました。ロケットに稲妻が接触すればゲームオーバーです。そのときに使用するのが派手な手作り背景です。そして、もう一つは得点を100以上ゲットしたときに切り替える背景です。これは、ライブラリの既製品に手書きの文字とパターンを追加しました。

以上で、準備万端！いよいよアルゴリズムに従ったスクリプトを書くことになります。スクリプトは、スプライト毎に書きます。アルゴリズムは、とりあえず日本語で書き、次にフローチャートで表してみて、どの部分でどの制御ブロックを使用するかなどを検討します。

要点BOX

- ●スクリプトを書き始める前に登場する全スプライトをドックに揃える
- ●ライブラリから選ぶか自分で作成する

スプライトなどをライブラリから選ぶ

スプライトは、以下の4種類を採用した

どれもスクラッチのライブラリにあったもので、それぞれに以下のような呼び名をつけた

ロケット　カナブ　稲妻　クーモ

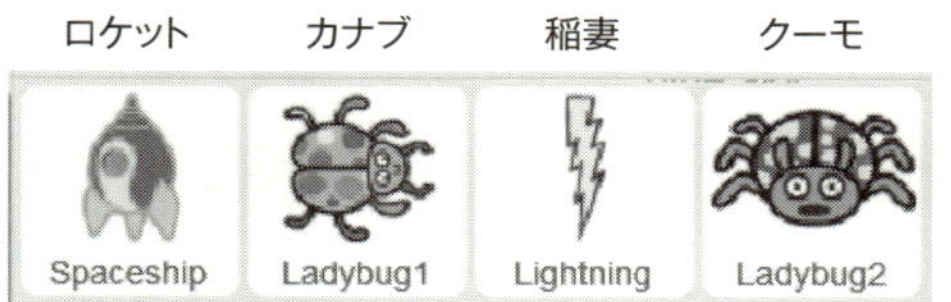

音ライブラリーはたくさんある

音ライブラリー
ここをダブルクリックして登録する
動物
種類で絞り込む
ここをクリックして試聴する
bird
chee chee
dog2
duck
meow2
owl

音は、以下の4種類を登録した

どれも音ライブラリにあったもの
①カナブの“ポコ”は、pop
②クーモの“ゲゲ”は、duck
③100得点した勝利の音は、space ripple
④稲妻に当たってゲームオーバ時の音は、wolf howl

背景には、以下の3種類がある

1. ゲーム中の背景（スクラッチ）に用意されていたstars

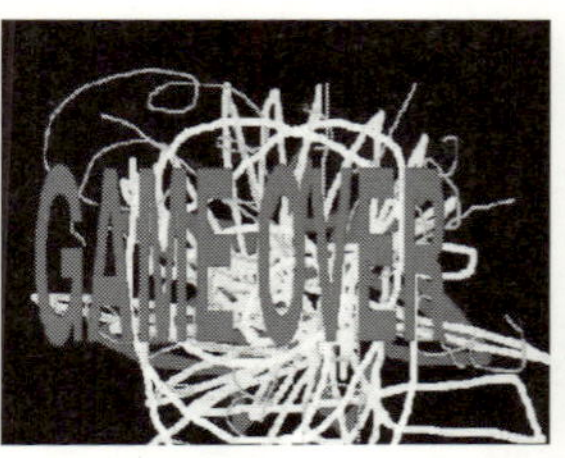

2. ロケットが稲妻に当たったときの背景（編集画面で手書きした）

3. 得点が100点に達したときの背景（スクラッチに用意されていたspotlight-stage2に文字と図案を追加した）

背景ライブラリーもたくさんある

背景ライブラリー

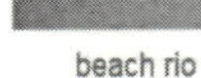

60 ロケットと稲妻のアルゴリズムを考える

要となるスクリプトの設定

このゲームの要となるスクリプトとして、ロケットと稲妻があります。ロケットは、ステージの下方にいて、矢印キーで横位置を変えることができます。稲妻を避けながら、二種類のむしむしにぶつけて得点を得ます。ユーザーの意思で動かせるのは、このスプライトだけです。稲妻は、ステージの上から下へ向けて勝手に移動してくるスプライトで、ロケットがこれに触れると、ゲームが終了してしまいます。

ロケットのスクリプトでは、まずステージの下方でコスチュームの全体が見える位置に、初期値を設定しています。そして、背景には宇宙空間をイメージした「星空：stars」を設定し、次にゲームに必須の得点を記憶する変数を作っています。ここまでが初期設定と呼ばれる部分で、スクリプトが動作開始時に1回のみ実行します。

ロケットのスクリプトの本体は永久ループとし、二分岐制御ブロックを用いて矢印キーによってロケットを任意に左右に動かせるようにしています。また、得点が100に到達したかについてもチェックしています。そして、条件を満足したときには、勝利の背景に変更するとともに、祝福のメロディーを流し、全てのスプライトへ動作停止を指示するメッセージを送っています。これによって、他の全てのスクリプトを緊急停止させています。

稲妻のスクリプトでは、ステージの上方でコスチュームの全体が見える位置に配置し、その後の永久ループによって、ステージの下方へ向かって徐々に移動し、スプライトがステージをはみ出す直前で、上方に飛んで戻ることを繰り返しています。

ただ、このスクリプトでは、ロケットとの接触があったら、自作した終了背景に切り替え、他のスプライトへ動作中断メッセージを送るという処理をします。この後で、オオカミが吠えるような音を流してから、自分自身の動作も止めています。

●ロケットと稲妻のスプライトを動かすスクリプトを作成する
●それぞれのスクリプトとフローチャートを比較

ロケットのスクリプト

①ステージの下方（Y=−130）に配置
②背景はstarsを採用
③変数「得点」を0クリヤして表示する
④以下の動作を永久に繰り返す
　→キーが押されたら、右方向に10移動
　←キーが押されたら、左方向に10移動
⑤得点が100に達したら、背景をspotlight-stage2に変更し、
⑥space rippleの音を鳴らし、
⑦メッセージ「GameOver」を送る
⑧自分自身の動作を止める

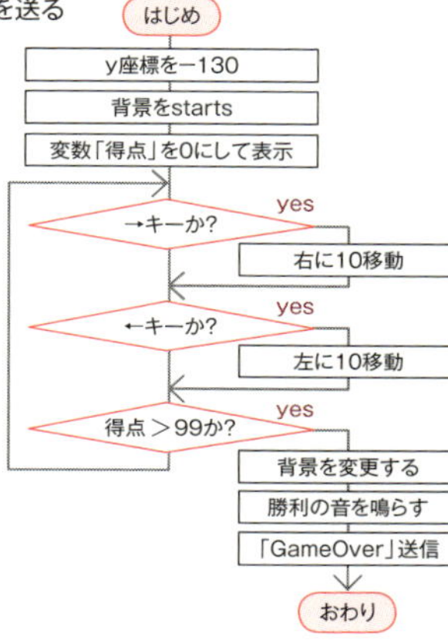

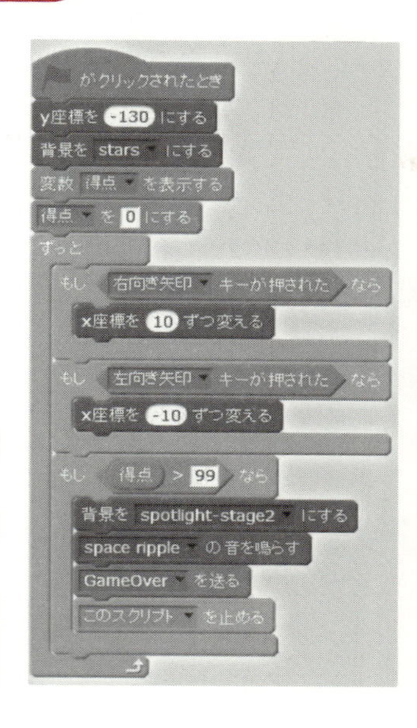

稲妻のスクリプト

①一番上（Y=180）に配置する
②横位置（x座標）はランダム
③以下の動作を永久に繰り返す
　下方向へ4ずつ下がる
　もし、−170より下まで到達したら、Y=180、Xはランダムに
　設定（最上段へ）
④もし、ロケットに触ったら、自作背景に変更し
⑤wolf howl音を鳴らす
⑥メッセージ「GameOver」を送る
⑦自分自身の動作を止める

★別処理として
メッセージ「GameOver」
を受け取ったら、スプライト
の動作を停止する

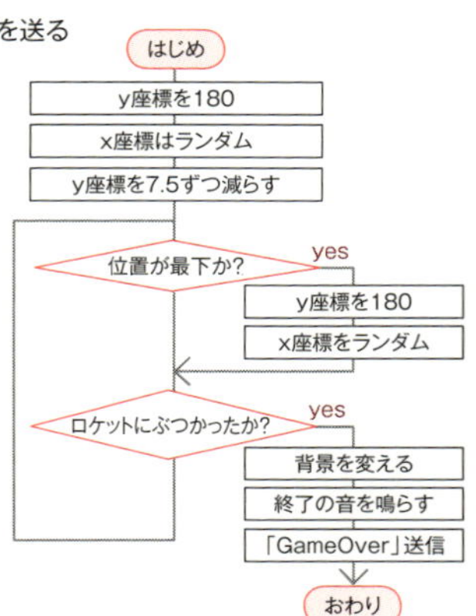

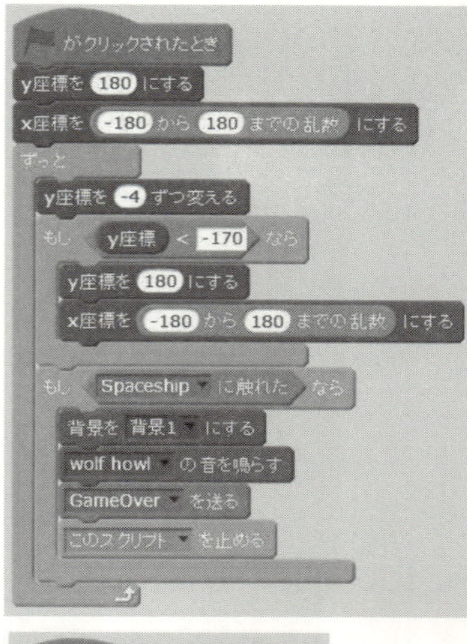

61 むしむしのアルゴリズムを考える

終わりのないスクリプトを強制終了させる

二種類（クーモとカナブ）のむしむしスプライトは、基本的に同じ内容で、どちらも終わりのない永久ループのスクリプトになります。そして、ロケットに稲妻が当たったり、得点が100点に達したときに送られてくるメッセージによって、強制終了します。つまり、一つのスプライトに対して、二つのスクリプトがあります。

一つ目の永久ループのスクリプトの動作としては、ステージの上方のコスチューム全体が見える位置から、ステージの下方へ向かって徐々に移動し、コスチュームがステージをはみ出す直前で、上方に飛んで戻ることを繰り返します。

意外性を出すために、スプライトが動作を開始するステージの横位置はランダム（その時々で変わる）としました。また、むしむしの種類（クーモとカナブ）によって、下方へ向かって移動する速度を違えてあります。それに伴って、得られる得点にも差を設けました。クーモはカナブより速く移動するため、得点を高めにしてあります。

このゲームの終了は、ロケットが稲妻に触れたときか、または得点を100以上獲得したときになるということについては、すでに説明しました。そして、そのような事態が起きたことを、むしむし達が知る手段として、このゲームではメッセージ機能を採用しています。

そのため、むしむし達の二つ目のスクリプトとして「メッセージを受けとったとき」という専用の開始ブロックを使います。このスクリプトによって、本来の永久ループ処理をしているのとは別に、いつでも、メッセージを受け取ることができます。このスクリプトがメッセージを受け取って動作を開始すると、すぐに永久ループのスクリプトの動作を停止させています。これによって、二つのむしむしスプライトの動作が停止することになります。

●永久ループのスクリプト動作をメッセージ機能で強制終了させる
●二つ目の割込み専用開始ブロックを使う

クーモのスクリプト

①ステージの一番上(Y=180)に配置する
②横位置(x座標)はランダム
③以下の動作を永久に繰り返す
　下方向へ5ずつ下がる
　もし、−170より下まで到達したら、Y=180、
　Xはランダムに設定(最上段へ)
④もし、ロケットに触ったら
　duck音を鳴らす
　得点を+10する
　Y=−170とし③で最上段へ

★別処理として
メッセージ「GameOver」
を受け取ったら、スプライト
の動作を停止する

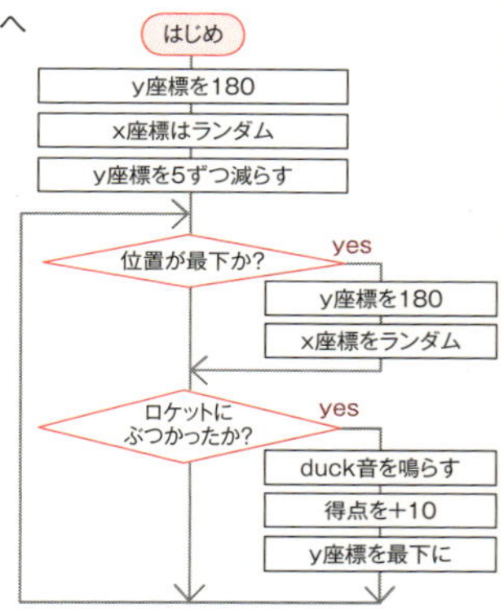

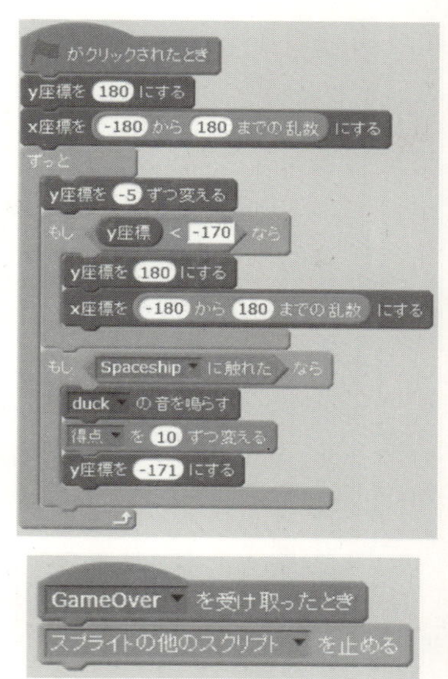

カナブのスクリプト

①ステージの一番上(Y=180)に配置する
②横位置(x座標)はランダム
③以下の動作を永久に繰り返す
　下方向へ3ずつ下がる
　もし、−170より下まで到達したら、
　Y=180、Xはランダムに設定(最上段へ)
④もし、ロケットに触ったら
　pop音を鳴らす
　得点を+5する
　Y=−170とし③で最上段へ

★別処理として
メッセージ「GameOver」
を受け取ったら、スプライト
の動作を停止する

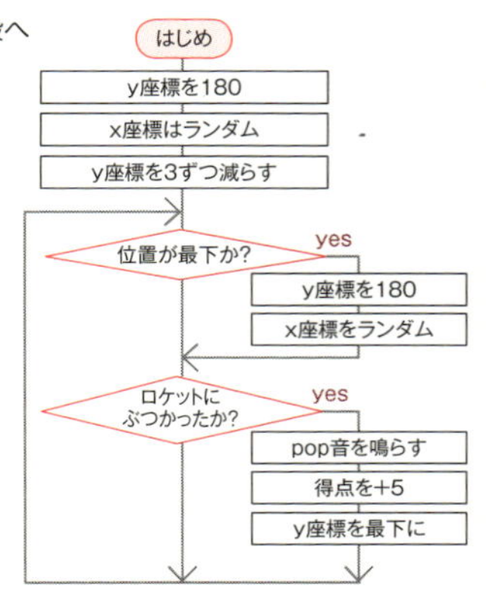

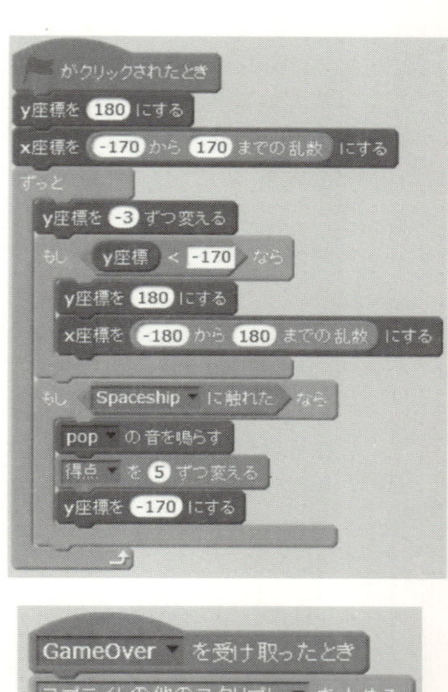

Column

私が考えるプログラミング教育

私は教師ではありません。教育関係にかかわってもいません。ただ、コンピュータと永年つき合ってきた経験があります。そんな立場から、子供たちへのプログラミング教育に関する意見とアドバイスを述べたいと思います。

まず、前提として、「プログラミング」ということを、コンピュータを意識した狭い範囲から「アルゴリズムを考えること」と拡大解釈したいと思います。

アルゴリズムを意識することは、プログラムばかりでなく普段の生活（遊びからビジネスまで）においても役に立つ思考法であり、意思伝達や計画立案など、より充実した生活を営むためにも有効と考えるからです。

授業において、前半は紙と鉛筆で、やりたいことを日本語で時系列に箇条書きするといった表現の仕方を学ばせましょう。後半はScratchのようなアプリを利用した実習も必要でしょう。

自分の考えたアルゴリズムが、実際にどのような動作になるのかを実体験して確認することも重要です。

実習に関するアドバイスは図に示しておきます。参考になれば幸いです。

実習に関するアドバイス

◎実習は絶対に必要
作ったプログラムが本当に動作するのかを実感させる
◎単に面白いだけの実習ではダメ
ゲーム感覚の感動ではなく、自己表現の一手法を学ぶと捉える
◎実習環境は学校にあるだけではダメ
学校から持ち帰れる、またはどこでも入手・利用できることが大事
◎作った（作りかけ）プログラムは保存できること
時限単位でご破算するのではなく、継続作業が前提
◎基本操作のみ指導し、好奇心は環境に任せる
プログラムの良否は実習環境が評価してくれる
（動かせばわかる）
◎完成したプログラムは発表させ、意見交換する
結果は同じでも、実現手法は複数あることを実感させる
どれが良いかは場合による（要求に合っているかが重要）
グループ開発作業にはコミュニケーション能力も必要
◎キーボード操作は必須（画面タッチ操作のみは不可）
ドキュメント作成はいつの時代も避けて通れない
キーボード操作の習得は必須（作文能力も）

【参考文献】（順不同）

・書籍

清水亮、教養としてのプログラミング講座、中公新書ラクレ（２０１４）

千葉則茂他、コンピュータアルゴリズム全科、啓学出版（１９９１）

坂巻佳壽美、絵で見るディジタル信号処理入門、日刊工業新聞社（２０１１）

・ホームページなど（２０１８年７月現在）

－学ぶ・教える.COM―学習と教育のポータルサイト：http://www.manabu-oshieru.com/

－中学受験の算数教室：http://juken-sansu.net/

－インド式数学で計算しよう：http://math.hoge2.info/

－知育ノート：http://www.chiikunote.com/entry/indian

－Excelをつかった最小二乗法：http://www.isc.chubu.ac.jp/tsuzuki/k16/w5/lms5.html

－ExcelでFFTを使う：http://sumisumi.cocolog-nifty.com/sumisumi/2010/02/fft-1a2b.html

－Scratch（Windows版およびMac版）のダウンロードとインストール方法：https://scratch-howto.com/start/download.php#a8

（その他、多くのＨＰを参照させていただきました。この場を借りて、御礼申しあげます。）

Scratchの使い方（簡易マニュアル）

もくじ（下側の頁数参照）

（注）第8章で紹介しきれなかった部分について取り上げていますが、すべてを網羅しているわけではありません。

スクリプトの操作

位置を変更する場合

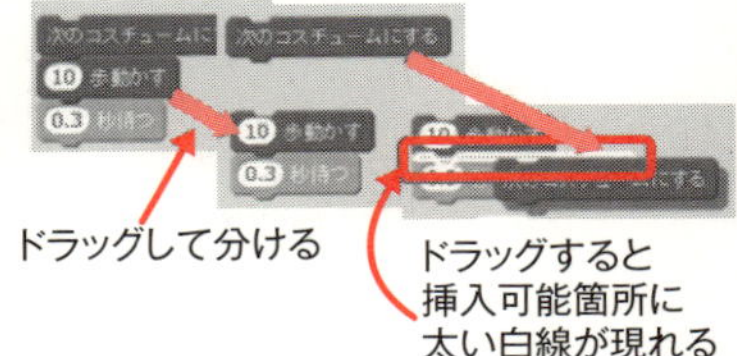

ドラッグして分ける

ドラッグすると挿入可能箇所に太い白線が現れる

追加

コマンドパレットから、スクリプトエリアにある他のブロックの下へ、ドラッグ
（追加可能な位置に近づくと、太い白線が現れる）

挿入

コマンドパレットから、スクリプトエリアにある他のブロックの間へ、ドラッグ
（挿入可能な位置に近づくと、太い白線が現れる）

移動

スクリプトエリアにあるブロックを、他のブロックの下または間へドラッグ
移動させるブロックのみを抜き出すには
　移動対象のブロックをポイントし、それより下を含むカタマリを、とりあえず横にドラッグして分ける。
　移動対象のすぐ下のブロックをポイントし、それより下のタマリを元の位置へ戻す
　単独になった移動対象ブロックを希望する位置へ挿入する

消去

スクリプトエリアにあるブロックを、コマンドパレットへドラッグして戻す
　対象となるブロックのみを抜き出してから、コマンドパレットへドラッグ

削除のやり直し

誤って削除した場合には、「編集」メニューで「削除の取り消し」で、元の状態へ戻せる

具体的なスクリプトの書き方例

①
動作開始ブロックを置く

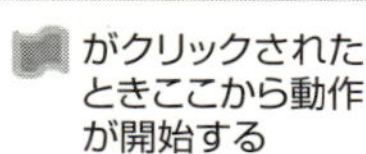
がクリックされたときここから動作が開始する

②
右方向へ動かす
（動く歩数は変更できる）

10歩動かす

③
コスチュームを変える
（ネコには2つのパターンが用意されている）

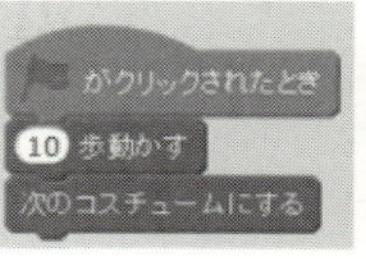

次のコスチュームにする

④
音を追加する
（事前に音の追加登録が必要）

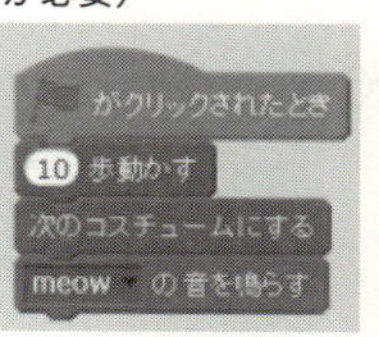

meowの音を鳴らす

⑤
3回繰り返す
（繰り返し回数は変更できる）

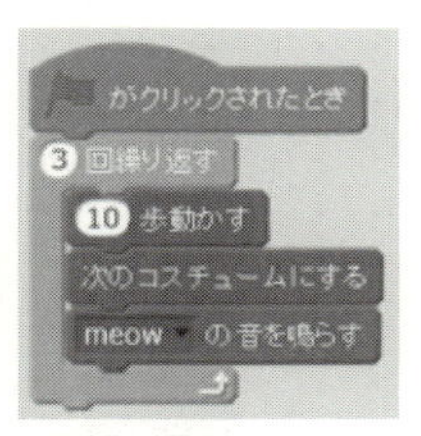

3回繰り返す

★速すぎて3回とは思えない

⑥
動作を遅くする
（待ち時間は変更できる）

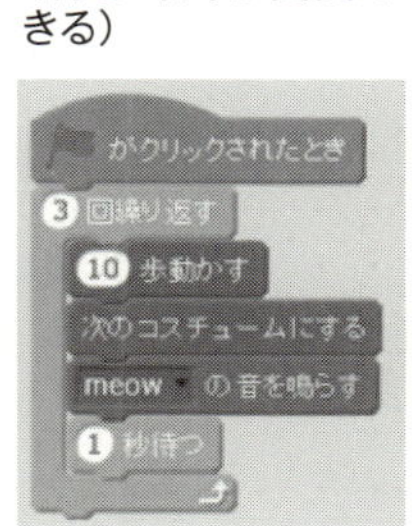

1秒待つ

⑦
ステージの端で折り返す
（動作の条件は、はじめに設定できる）

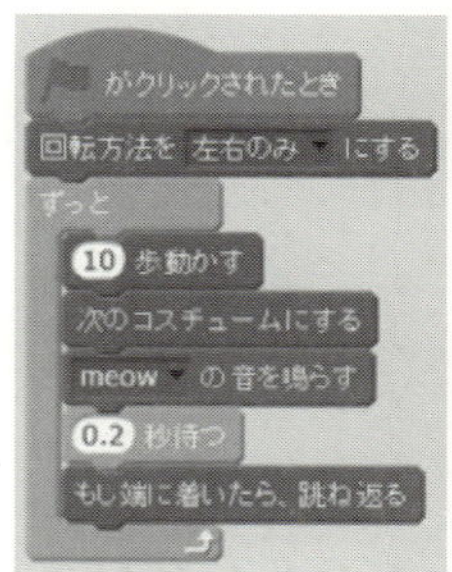

回転方法を左右のみにする

もし端に着いたら跳ね返る

制御ブロックの変更の仕方

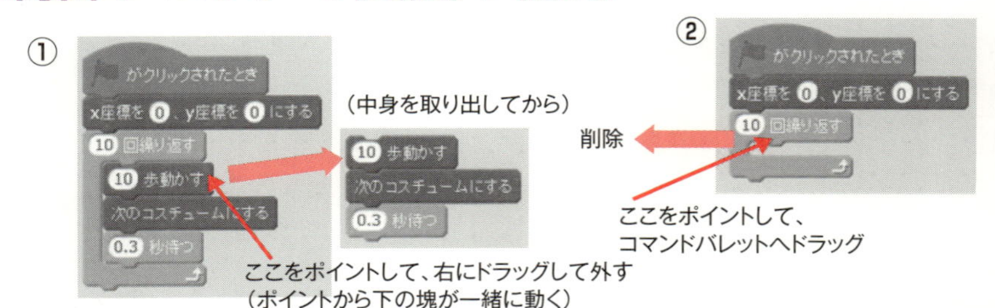

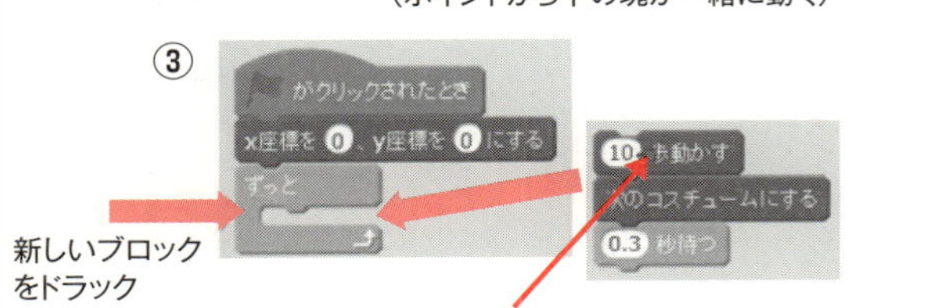

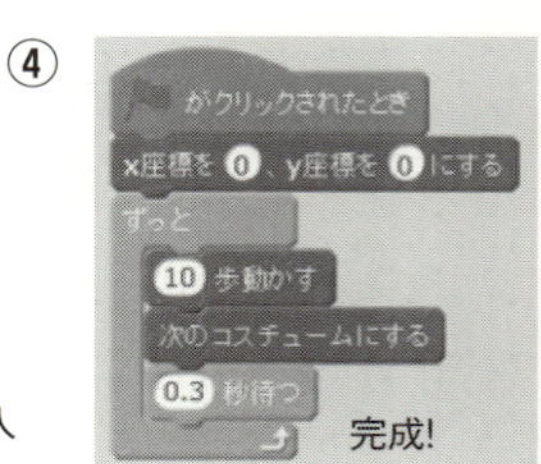

スプライトの追加と削除

●別のスプライトを追加する

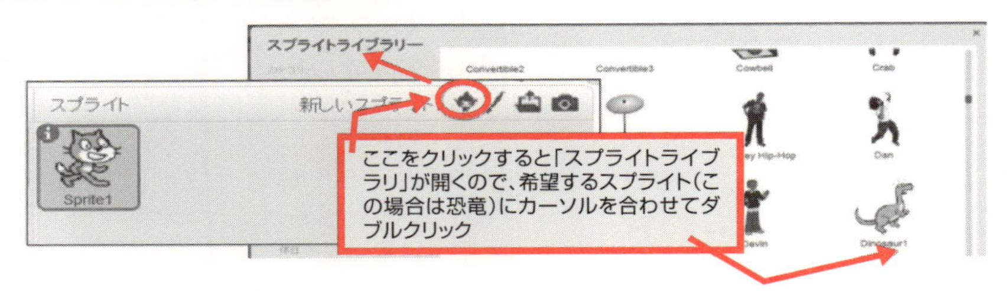

●不要のスプライト(この場合は恐竜)を消す

コスチュームの数の調べ方

- コスチュームの数は、スクリプトで数えなくても調べられる
- ドックにある調べたいスプライトを選択をして、
- 「コスチューム」をクリックすると、
- すべてが表示される

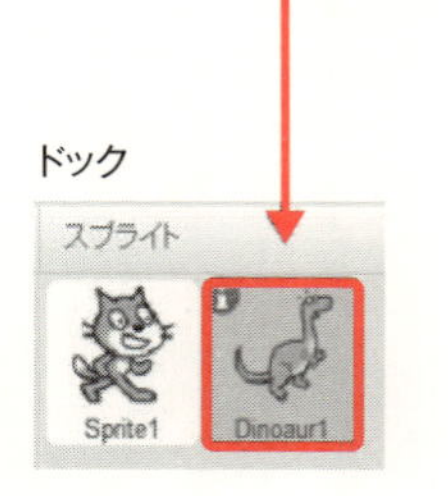

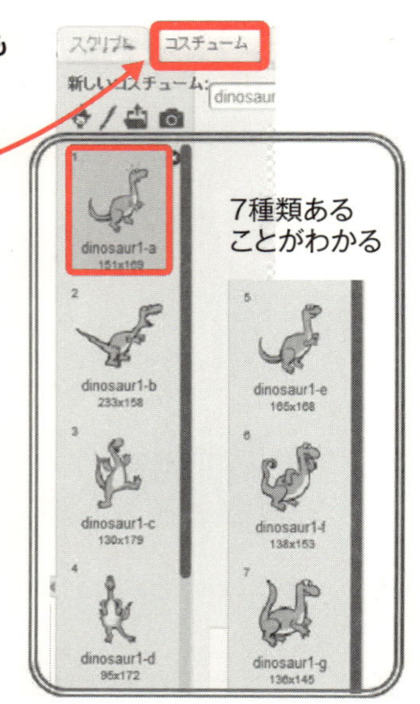

150

音の追加

①音を追加したいドックのスプライトを選択する
②「音」をクリック
③ここをクリック
④音ライブラリーが開く
⑤希望する音をダブルクリック
⑤関連する音ブロックに音が追加される

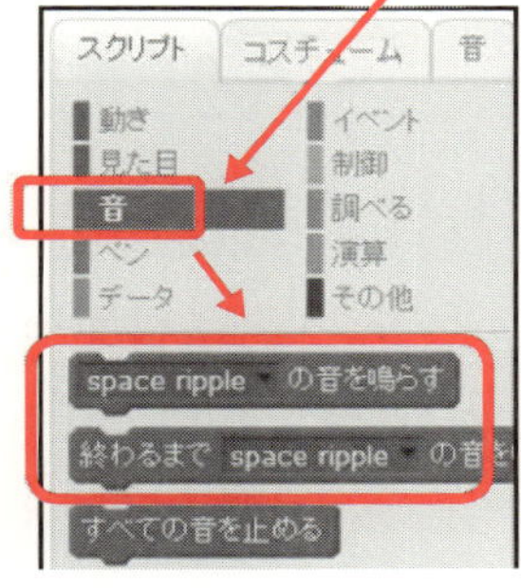

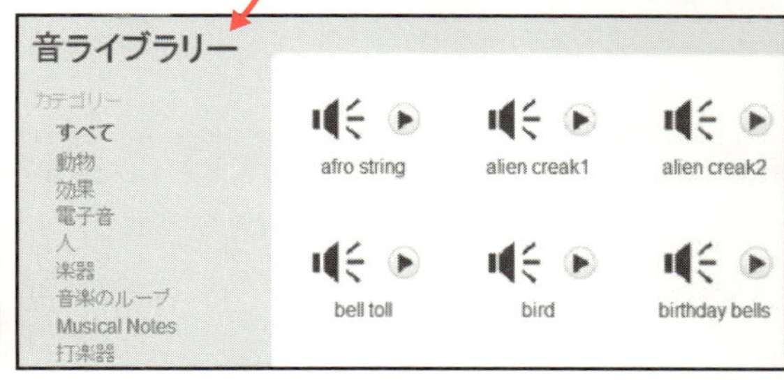

背景の追加

①ドックの中からステージをクリックする
②背景をクリック
③ここをクリックして
④この場所で、新しい背景を描く
⑤スクリプトに関連する「見た目」ブロックに背景が追加される

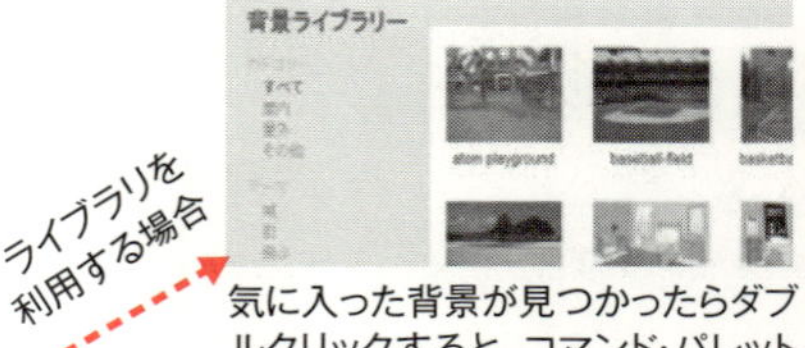

ライブラリを利用する場合

気に入った背景が見つかったらダブルクリックすると、コマンド・パレットに登録され、使用できるようになる

スクリプトの実行と停止

●スクリプトの実行
　ーステージの上にある「旗」をクリックする
　ースクリプトが実行すると、旗の色が黒から緑に変わる
●スクリプトの停止
　ーステージの上にある「●」をクリックする
　ースクリプトが停止すると、「●」の色が黒から赤に変わる

「旗」「●」

作ったスクリプトの保存と読み出し

(どのScratchを用いるかで以下のように異なりますが、だいたい似ています)

保存する　　読み出す

①パソコン版の場合

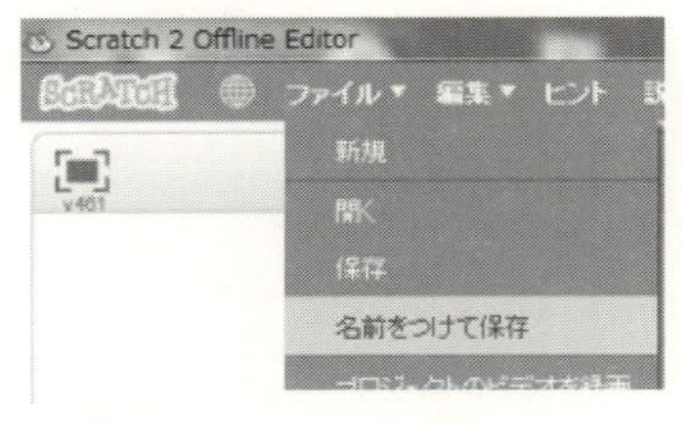

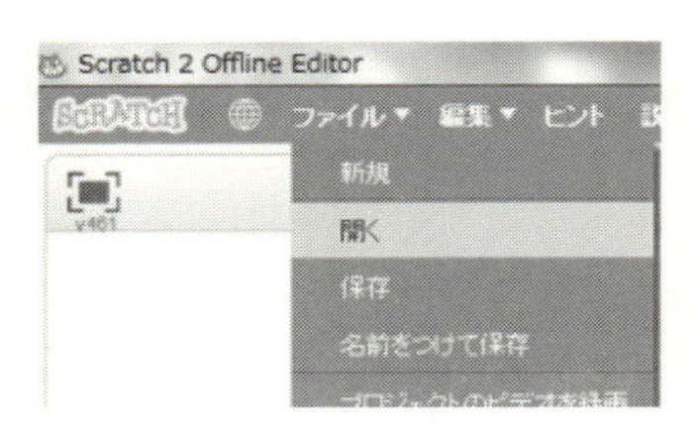

②ウェップ版の場合(サインインしていない)

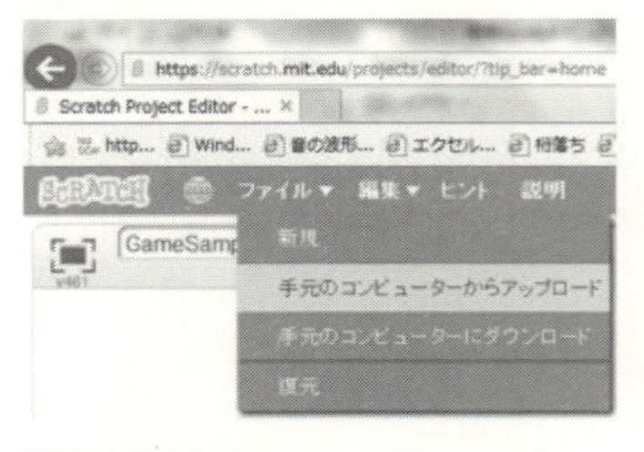

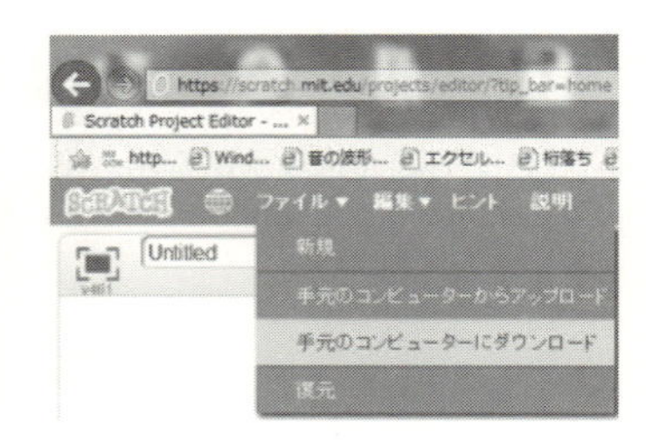

③ウェップ版の場合(サインインした)

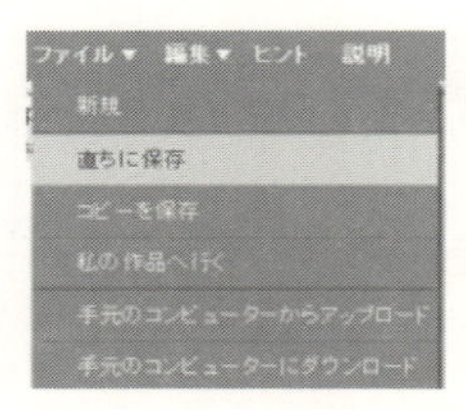

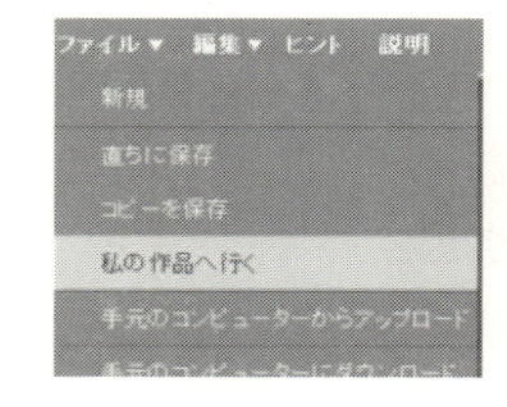

変数を作る（ブロックとなる）

● 変数は、数値や文字を記憶する場所
変数には名前（変数名）を付ける

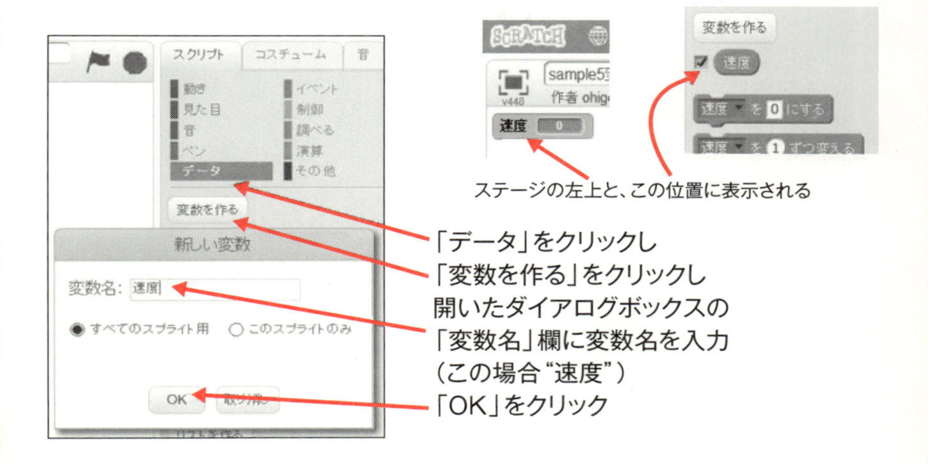

変数を使う

● 変数はブロックとしてスクリプトで使用できる
使用例

● ステージの変数を右クリックし、スライダーでも値を変えることができる

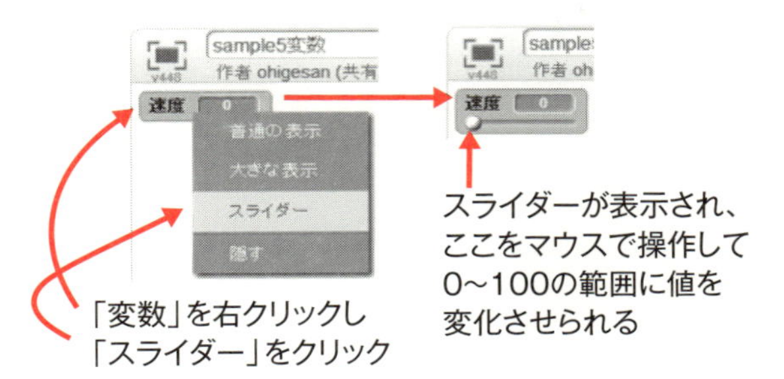

変数の使用例

●ボタンのスプライトをマウスでクリックする度に、
　ネコの移動速度が速くなり、100を越えると0に戻る

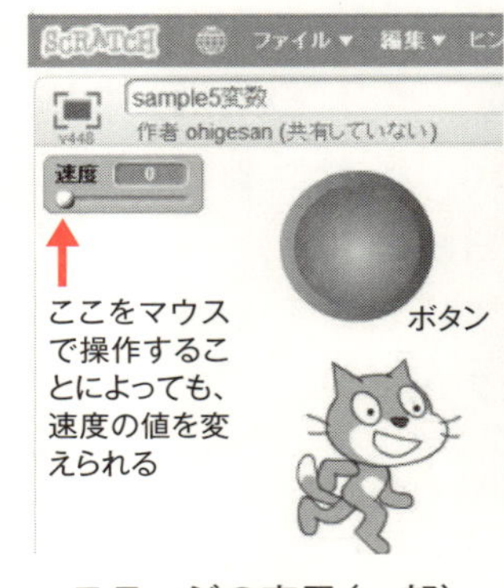

ステージの表示（一部）

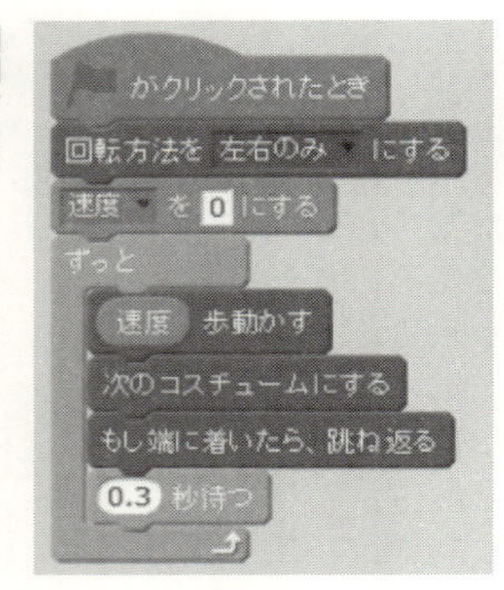

ネコのスクリプト

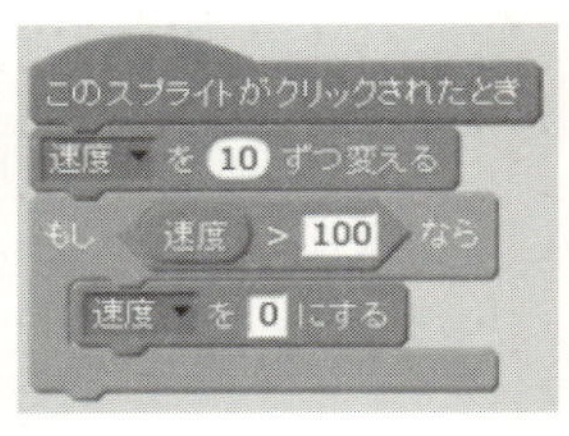

ボタンのスクリプト

変数の消去

●不要になった変数を消去する
　一作った「変数」ブロックを右クリックし
　　　表示されるダイアログボックスから消去する

メッセージ機能

- **メッセージとは**
  ーあるスプライトから別のスプライトを操作する機能
  - メッセージを送って処理の開始を指示する

※メッセージ名は
自由に設定できる

- **メッセージに関する3つのブロック**
  ーメッセージを受け取る側のスクリプトの先頭に使う

メッセージ1 ▼ を受け取ったとき

ーメッセージを送る側のスクリプトで使う
- メッセージを送ったら、さっさと次の処理に進む

メッセージ1 ▼ を送る

- メッセージを送ったら、受け取る側のスプライトの処理が終了するまで待ってから、次の処理へ進む

メッセージ1 ▼ を送って待つ

155

メッセージの使い方

- **メッセージ名は自由に作ることができる**
- **送り側のメッセージ名と、同じメッセージ名を待つ受け側が必要**

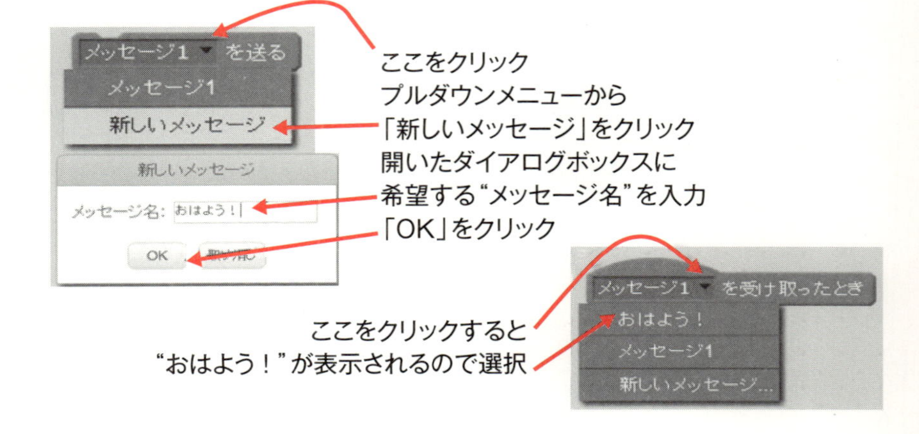

メッセージ処理の種類

①メッセージを送ったら、次の処理へ進む

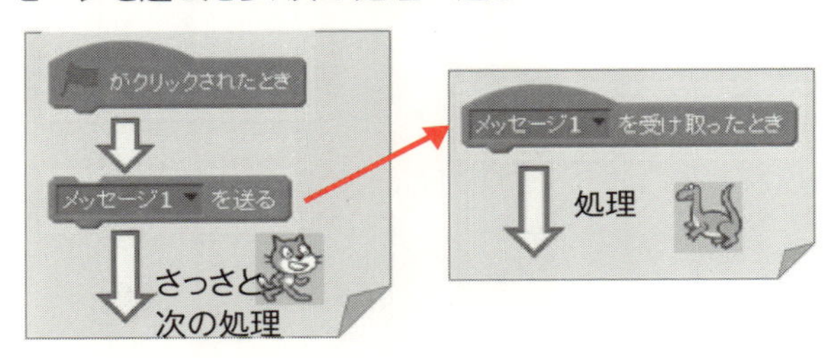

②メッセージを送ったら、相手スプライトの処理が終わるのを待って、次の処理へ進む

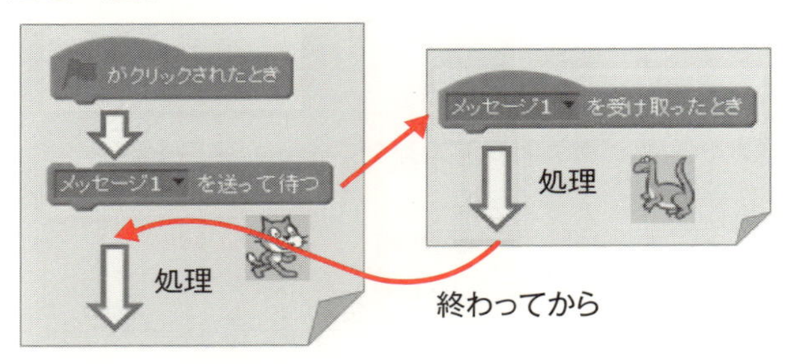

メッセージの使用例

さて、どんな動きをするでしょうか?

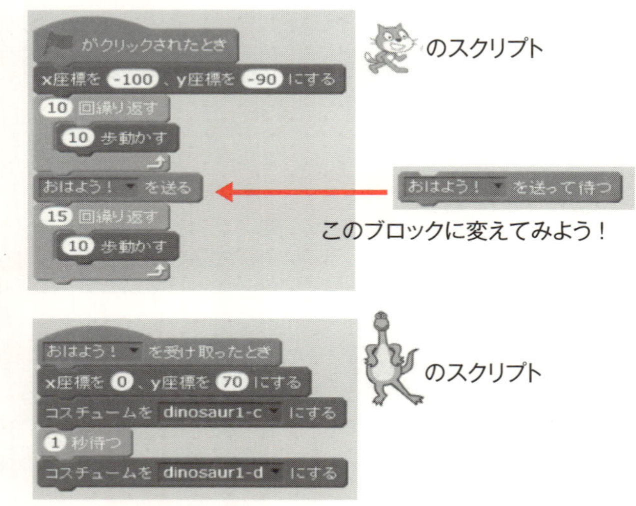

クローン機能

- **クローンとは?**
  スプライトの分身(クローン)を作る
- **クローンに関する3つのブロック**
  クローンを作る

自分自身 ▾ のクローンを作る

クローンが作られたときの処理スクリプトの開始ブロック

クローンの削除

このクローンを削除する

157

クローンの使用例

が次々と誕生し
端まで行って消える

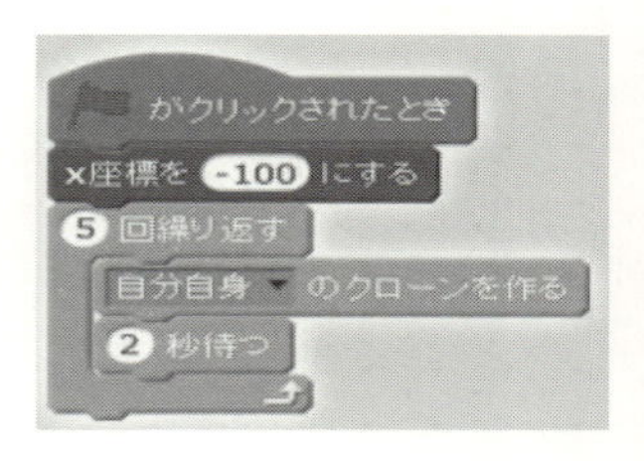

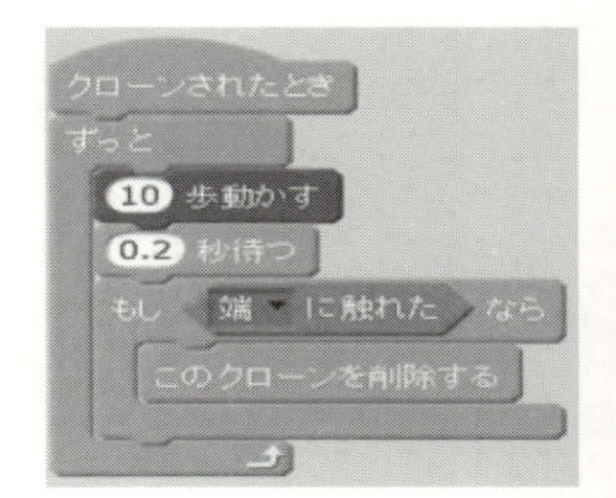

今日からモノ知りシリーズ
トコトンやさしい
アルゴリズムの本

NDC 007.64

2018年11月15日　初版1刷発行

発行者　井水 治博
発行所　日刊工業新聞社
東京都中央区日本橋小網町14-1
(郵便番号103-8548)
電話　書籍編集部　03(5644)7490
販売・管理部　03(5644)7410
FAX　03(5644)7400
振替口座　00190-2-186076
URL　http://pub.nikkan.co.jp/
e-mail　info@media.nikkan.co.jp
印刷・製本　新日本印刷

●DESIGN STAFF
AD——————志岐滋行
表紙イラスト————黒崎　玄
本文イラスト————榊原唯幸
ブック・デザイン ——奥田陽子
(志岐デザイン事務所)

●
落丁・乱丁本はお取り替えいたします。
2018 Printed in Japan
ISBN　978-4-526-07900-9 C3034

●著者略歴
坂巻 佳壽美(さかまき・かずみ)

●略歴
1950年8月　東京に生まれる
1974年3月　日本大学理工学部電気工学科卒
1974年4月　東京都立工業技術センターへ研究員(電気)として入所
2006年4月　地方独立行政法人東京都立産業技術研究センターに独法化
(約40年間、中小企業への組込みシステム技術に関する技術指導に従事)
2015年4月　職場を退職し、自称「システム設計コンサルタント」

●主な著書
制御技術者のための組込システム入門　日刊工業新聞社(2007)
組込みシステムのハードウェア設計入門講座　電波新聞社(2008)
絵で見る制御システム入門　日刊工業新聞社(2010)
はじめてのVHDL　東京電機大学出版局(2010)
JTAGテストの基礎と応用(電子出版)　CQ出版社(2011)
VHDLによるFPGA設計&デバッグ　オーム社(共著)(2012)
知っておきたい計測器の基本　オーム社(共著)(2014)
はじめてのFPGA設計　東京電機大学出版局(2014)
など